U0046777

實　用

知　識

寶鼎出版

實用

知識

寶鼎出版

這樣賣吃的
成為活下來的那

5%

장사, 이제는 콘텐츠다 · 장사의 神, 김유진의

**韓國餐飲之神黃金公式
搶攻顧客心占率，忍不住一買再買**

裕鎮
유진

著

毓婷

譯

目錄
Contents

2 在蒸蛋上插旗 _ 展現並留下深刻印象

3 尋找屬於自己的首創 _ 引領和差異化

4

成為難題解決大師 _ 關懷並累積信任

5

為什麼為什麼為什麼？請問三遍 _ 從設計到實踐

6 提供最高價值 _ 證明和生存

序言
沒有刺激就沒有反應

繼《韓國生意之神》（2014 年）和《做生意，用戰略》（2016 年）之後，時隔三年再次推出新書。在前二本書中，我公開了在韓國自營作業市場上絕對不會倒下的祕訣。不僅是做生意的基本功，還收錄了吸引顧客的方法、差異化策略、誘發好奇心、透過視覺交流扭轉局面、以說故事進行商業擴張的祕訣等，完整寫下生存所需的工具套組。

到目前為止，已有十萬名韓國中小自營業者將書中內容實際運用至商業現場，銷售額因此上升了少則 30%，多則 300%──如果全部加起來，計算機的位數甚至不夠。而比起數字，我認為更重要的是自信。每當讀著這些案例，看他們如何將書中內容活用於店面，我的心都會怦怦直跳。

我的目標是讓顧客幸福。對我來說，顧客就是讀者和

學員，希望大家在聽了我的故事後，哪怕只有1%也能變得幸福。幸福並不遙遠，但幸福總是躲藏得很好，鮮少露面，也有很多人一輩子都沒見過幸福就離開了人世。

也許有人會笑說：「只不過讀了一本書，人生哪可能會變得那麼幸福。」所以我盡可能地努力去接觸各種感覺。人類非常遲鈍，因為本來就暴露在各種刺激中，平常接受到刺激時，通常連眼睛都不會眨一下。因此我開始制定藍圖，希望設計出當顧客與我的品牌和料理相遇時，不，是只要顧客聽到我的品牌時，就會心跳加速、激動，想不顧一切衝去購買的藍圖。這也是過去二年多時間裡，我透過演講傳達給數百、數千人的內容。

這裡有一個簡單的公式，不懂公式的話絕對解決不了問題。這個公式就是「刺激」，英文是stimulate，在韓文中漢字寫成「刺戟」，「戳刺的刺」、「槍戟的戟」，指透過作用於生物的感官而引起反應的工作。不戳刺的話絕對不會產生反應。在視覺、聽覺、嗅覺、味覺、觸覺、痛覺、平衡、緊張、水準等人類所擁有的21種感覺中，誰能給予更強、更深的刺激就決定了成敗。

「別擔心啦,我這麼努力,顧客們都會理解的吧。」

不,各位應該要擔心。如果各位不發出信號,顧客們連看都不會看一眼。從顧客的立場來看,這沒有什麼好抱歉的,因為世界上遍布著遲鈍的刺激,在這些刺激中完全感覺不到差異性。沒有時間遲疑了,在你猶豫不決的時候,競爭者的刀刃正刺激著顧客,然後獲得他們的反應。

如果只是呆呆地看著,對手將會不斷得分——技術分、藝術分、感動分……你就這樣落後於對手。不斷強調細節的原因也在於此,各位店面和商業中的所有零件和階段都要做出細節。如果不將刀準備好,打磨再打磨直至鋒利,你就會從顧客的腦中消失。

雖然沒有必要因此製造痛苦,但為了製造出長時間附著在大腦中的刺激,我們必須竭盡全力。顧客沉睡的大腦不會因鬆散的刺激而動搖,因此我們要製造出銷魂的刺激,鋒利而尖銳,只刺一次就能讓顧客發出「唉唷!」、「哇!」、「呃啊!」的感嘆和尖叫聲。

本書可視為是前作《做生意,用戰略》的特別深化課程。如果到目前為止還停留在由 x 軸和 y 軸組成的平面思考上,那麼本書的目的就是提供立體的思維,以及可以持續發

展的解決方案（z軸）。點和點相遇形成線，線和線相遇形成面，如果再加上z軸，就會形成三維空間。愈是制定出網子般細密的策略，就愈能抓住顧客。這時你的銷售額將會達到無法想像的程度。

　　活用本書中公開的解決方案，可以吸引數十倍、數百倍的顧客，提高銷售額。但若沒有紮實的基礎，什麼都做不了，前作《做生意，用戰略》是基礎，建議在讀本書之前能先閱讀過，或和本書一起閱讀。接下來我會逐一公開說明讓收益和利益最大化的梯子，而爬上這座梯子就是各位該做的事了。

2019年三月 金裕鎮

1 打下聚光燈

刺激和滿足

打開顧客錢包的祕密鑰匙

金裕鎮牌購買行為公式

　　「購買行為」是指顧客到各位的店購買東西的行為。世界級的學者們一直在研究消費者透過何種過程進行購買行為。美國經濟學家羅蘭・霍爾（Roland Hall）發表了名為「AIDMA」*的消費者購買行為理論。這個理論說明了消費者在接觸商品資訊和廣告後，會經過什麼階段進而購買商品。這是1920年代提出的理論。此後有許多學者分析了購買行為，並以自己的風格重新發表了理論。2005年，日本廣告代理公司電通（Dentsu）以該理論為基礎，提出了AISAS**理論。在過去的85年裡，消費者可以接觸商品的管道愈來愈多。特別是受到網路、社群媒體等影響，消費者購買行為的變化超出了人們想像。單方面接受企業提供的資訊的時代

*注意(Attention)、興趣(Interest)、慾望(Desire)、記憶(Memory)、行動(Action)。
**注意(Attention)、興趣(Interest)、搜尋(Search)、行動(Action)、分享(Share)。

已經過去了。現在消費者成為主體，主動挖掘資訊，並在體驗後積極分享出去。為了將商品的資訊和差異點植入這個流程中的某處，企業會介入和參與這個過程。因為他們深知若不這麼做，他們將永遠被顧客的大腦所遺忘。

我們也不能坐以待斃，只有冒著生命危險介入顧客的購買行為中，才能生存下去。從某種角度來看，在競爭中蒸發的 90% 自營業者，是不是因為根本不知道或無視這個過程因此而消失的呢？

我以過去 24 年的經驗為基礎，制定了自我流派的購買行為公式。我認為，只要各位稍微瞭解這個過程，就能理解為什麼要在與顧客的關係中製造刺激、為什麼要與他們維持關係，以及該如何將疑心轉化為安心。

接下來即將要公開的過程，是在負責最重要的業務時要最先拿出來的「戰鬥地圖」。為了達到目的、為了在慘烈的戰爭中獲勝，希望各位能像祈禱一樣反復思考，務必要熟知並生存下來。當然，這些內容是已透過來學院聽課的數百人成功驗證過的理論，值得相信。

金裕鎮牌購買行為公式

刺激

「要積極地、拚命地告訴顧客你已經做好迎接他們的準備。如果不製造出刺激，就不會產生任何反應。」

關注

「各位所提供的刺激、注意、注目一定要為顧客帶來幸福和好處。請證明你遵守了與顧客的約定。」

搜尋

「現在顧客的大腦就是這樣指示的。『來，快用 NAVER* 或 Google，也在 Instagram 和 Facebook 上搜尋一下吧』。」

好感

「在比較中，甩掉競爭者就會得分。比競爭對手各強上 1%。想成為什麼都不做也排隊的店家嗎？那就專心在細節上吧。」

購買

「對不喜歡吃虧的顧客來說，要提供什麼福利才能讓他們一路幸福到底？無論是爆米花還是小包裝蘿蔔塊泡菜，準備一個能在顧客付款時減輕痛苦的方法。」

注意／注目

「如果只是瞥一眼，就不是注意了。只有達到只看一眼就能在大腦留下痕跡的程度，顧客才會開始煩惱要不要買。」

興趣

「在引發人們的興致後，現在要讓它變得讓人垂涎三尺。在看到的瞬間刺激唾液腺，刺激購買慾望，這樣才有資格成為老闆。」

比較

「人類真的很討厭吃虧。價格、設計、性能、滿足感……動員所有可以比較的裝置，與各位的競爭者進行比較分析。」

信賴

「即使不是最好的也沒關係，即使不是最棒的味道也沒關係。只要對你的顧客來說是最好的、味道是最棒的，能獲得他們的信任就可以了。」

分享

「不到最後還不算結束。讓顧客想要把在店裡的體驗到處炫耀、宣傳。消費就是炫耀。要是讓顧客後悔，瞬間就完蛋了。」

---

*韓國最大入口網站之一。

「欸！那是什麼？」

1. 刺激（刺戟）

> 【名詞】1. 施予某種作用，使感覺或心靈產生反應，
> 或引發該作用的事物。

商業就是說服，誰能採取更出色的說服策略，就決定了成敗。大家都很好奇說服人的特別祕訣是什麼。第一階段是刺激。非專業人士或完全不知道如何與顧客交流的人經常會提出「是不是太刺激了」等偏離焦點的問題，但如果不理解這個過程，絕對不可能說服和誘導顧客購買。進入傳播系後，第一節課要學習的就是「SR 理論」。

SR 理論是指「學習是由生物對某種刺激（Stimulus）表現出的特定反應（Response）所結合形成」的理論。也被稱為刺激—反應理論，可以說是美國心理學家愛德華・桑代克（E. Thorndike）提倡刺激和反應相結合的開端。

「沒有刺激就沒有反應！」（No Stimulus, No Response），如果不能創造出任何接近顧客的刺激，就不會有反應。我甚至連各位在那裡開了一間店都不知道，幾乎所有人都是這樣

@ Hanguksu 瑞草店

拚上性命讓顧客知道你已經做好迎接他們的準備。
如果不製造出刺激,就不會產生任何反應。

關門大吉的。所以要拚命去讓他們知道！讓顧客們知道你已經準備好迎接他們了。沒時間對手段和方法挑三揀四，紅布條、傳單、臉書、部落格、Instagram……在每個路口留下標誌，讓餓得發慌的顧客選擇你們。

再次強調，為了說服顧客到你們的店裡消費，需要給予強烈的刺激。如果不製造出刺激，就不會產生任何反應。

「哇喔，照片看起來也太讚了吧！OK，我選好了。」

2. 注意和注目

> 注意【名詞】1.銘記在心，小心。2.集中關注某一個地方或某件事。

人類在黑暗中、不清楚或沒有經歷過的情況下會小心，這是因為本能上要確保安全。只要聽到沙沙的聲音，就會豎起耳朵，繃緊神經，這就是對刺激的注意，然後我們會記在心裡。緊黏在顧客大腦上的第二個按鈕就是注意。在都「差不多」的競爭者之間，只有讓顧客想要記在心裡的刺

激，才能吸引他們的注意。你知道為什麼不是「製造」注意而是「吸引」注意嗎？因為這叫注意的東西老是往別人家跑！所以一定要吸引注意，讓顧客只專注在你身上。

注目【名詞】1.關注並仔細觀察，或這麼做的視線。

引起注意就會開始注目。「目」在韓文中是指眼睛的漢字，也就是要吸引目光。在人類所掌握的資訊中，有83%左右依賴視覺，其中顏色占了80%。因此，如果刺激不能吸引目光，就只是白費力氣。注意和注目是一心同體的，就像參加二人三腳比賽的選手們一樣，只有團結一致，才具有說服力。

只有潛在顧客產生想要耗費腦能量深入瞭解的想法，才會離購買行為愈近。正門外牆、店名、室內裝潢、顏色、風格、問候、桌子、湯匙、水瓶、圍裙、垃圾桶、菜單、制服、裝飾、擺盤、櫃檯、積分⋯⋯

我們要用驚人的視覺效果製造出差異。讓顧客只要看一眼，刺激就在大腦中留下痕跡，這樣他們才會開始思考是否要購買。

@ 莫不感動

一定要在牆上、桌子、餐具盒、水瓶等處展示出遵守約定的證據，
讓顧客看到。
這就是左右商業成敗的最強訣竅。

「如果帶孩子們來這裡用餐應該很不錯……」

3. 關注

【名詞】心思被某種事物牽動而注意。或者這種心
情、注意力。

現在到了動心的階段。雖然不知道是否觸動了視覺、聽覺、嗅覺、觸覺，但讓心臟參與其中，需要更高階的技術。有一件事絕對不能忘記，各位提供的刺激、注意、關注應該要能夠為顧客帶來幸福和好處。對某件事感興趣、心動，就等於抱有好感。當好感累積起來就會成為信任。因此，雖然說信任是「得到」的，但其實更多的時候是「累積」而來的。信任是交易的核心，如果不符合這個條件，顧客就會瞬間轉身離去。而信任的核心是遵守約定，請一定要遵守和顧客的約定。現在馬上寫下要和顧客約定些什麼吧。

我只用鹼性離子水。

我每天都購買新鮮食材。

哪怕是只造訪一次的顧客，我也會竭盡全力。

當定下了這樣的約定後，就寫在牆上、桌子、餐具桶、水瓶等處讓顧客看到，一、定、要、讓、顧、客、看、到、自、己、有、遵、守、約、定、的、證、據。

這是決定商業成敗的最強祕訣。

「唉唷，看起來好好吃啊，我都流口水了。」

4. 興趣

> 【名詞】1. 感受興致的樂趣 2. 被某個對象吸引隨之
> 產生的關注

興趣多用於英語 interest 的意思，但在這裡想使用韓文中的漢字「興味」，即「帶出味道」之意。帶出味道？既然吸引了我的心，那就應該讓我的雙頰流口水。如果只是動搖了心念，但不能刺激唾液腺的話，購買目標就會變得模糊。請讓各位使出渾身解數製作的美食滋味進入顧客的大腦吧。如果刺激並引起注意、關注、在意，卻沒有讓他們感受到料理的本分——味道，那麼對顧客是不禮貌的。

即使只是擦肩而過、瞥一眼、一個眨眼間曝光的程度，也要讓顧客在看到的那一刻唾液腺和購買慾望受到刺激，這才是真正的興趣。不懂的人會貶低「Instagramable」（意思是「可以上傳到 Instagram 分享的」）一詞，他們可能根本不知道為什麼顧客就是會做出這樣的反應。讓我們再來看一次《做生意，用戰略》中強調的

內容吧。

人類會對熱量高的食物產生反應。
把食物立起來，就能更接近心臟、眼睛和大腦。
糖和脂肪的混合物有助於讓顧客的大腦分泌
腦內啡。

如果為了引起興趣，連設計都加倍用心的話，就更錦
上添花了。

「等一下，先看一下評價還可以嗎？」

5. 搜尋

【名詞】1.為查明犯罪或案件而尋找線索或證據。
2.根據目的在書籍或電腦上找出必要的資料。

到這個階段時，想起一些回憶的大腦會發出指令。
「來，快用 NAVER 或 Google 搜尋看看，也在 Instagram
和 Facebook 上找一下。」

「如果不能品嚐到這麼誘人的食物，一定會後悔的。」

「趕快衝過去征服它吧，一定要拍照打卡！」

「其他人都跑去吃了，你還在幹什麼？想被擠到後面嗎？想被淘汰嗎？你身邊的朋友都在看你在做什麼呢！所以先別問也別想了，快搜尋啊！！」

但是搜尋另有真正的根本性原因。

「我們來仔細研究一下吧？」

6. 比較

> 【名詞】1.比較二個以上的事物，考察彼此的相似點、差異點、一般法則等。

已經進行了充分的搜尋，但看到的都是相似的菜單，人們會開始苦惱。也就是說，腦能量的消耗將正式開始，不斷懷疑和比較，自己受到刺激並帶著興趣去搜尋到的，真的是最好的選擇嗎？是不會後悔的選擇嗎？人類極度討厭吃虧，會想知道能否收回與支付的金額一樣多，不，是比支付金額更多的獲得，所以會開啟比較的戰鬥模式。價格、設

計、性能、滿足感⋯⋯動員所有可比較的手段進行分析。

顧客如此激烈地投入購買行為中，而我們卻太安逸了。為了告訴人們這是絕對不會後悔的選擇，是任何地方都享受不到的優惠，我們應該提前做好安排。不是平白無故地強調要使用社群媒體，這是為了守住關口。

如果等到掌握好食物的味道、準備好服務手冊、工作人員練出默契，該上的車早就開走了。從餐飲業管理公司代表的立場來看，我認為「**顧客希望看到店家經歷試錯、展現出解決問題的意志、努力讓顧客幸福，以及不斷進化的樣子。**」

因此在比較中，要準備比競爭者更具優勢、充滿殺氣的武器。第五感的時代早已結束，連顧客的一根汗毛都影響不了。想要抓住顧客，讓他們永遠成為你的俘虜，就要去觸碰他們的 21 感。

「這家店的話評分應該滿高的⋯⋯」

7. 好感

【名詞】覺得好的情緒。

顧客需要判斷的資訊太多了。如果不能占據優勢，就會毫不留情地被顧客從大腦中抹去。即使選擇一家烤肉店，怕吃虧而瑟瑟發抖的人們也會仔細搜尋。肉、湯、包飯*、泡菜**、鹽、魚醬、飯、醬料、酒、水……對好幾間店家進行比較評分。如果贏了這場比賽，顧客就會對各位的店產生強烈的好感。

好感是信賴之母。十件事、五十件事、一百件事，每天都要變得更有細節，在所有領域中都比競爭者強上1%。即使百般強調也不過分，細節並不是技術或戰術，是引導顧客進行購買行為的開端也是結尾。想打造什麼都不做，顧客也會找上門來排隊的店嗎？那就專心在細節上吧。

「很好，這週六，決定了！」

8. 信賴

【名詞】深信不疑並依賴。

這是通往購買的最後關口。沒有信賴的話是絕對不會購買的，有好感還不夠，得要相信才會來依靠你，你的店必須要提供在其他地方全然無法感受到的踏實感。因此，讓各位顧客拿著錢包朝弱小的你們狂奔的最後必殺技，就是信賴。

信賴意味著品牌。獲得信任在品牌化（BRAND+ING）中有著最重要的作用。如果對你的概念、故事、主張、哲學、產品、服務產生信任，即使說「醬曲」是用紅豆做的顧客也會相信[***]。顧客出乎意料地天真。即使東西不是最好的也沒關係，即使味道不是最好的也可以。對你的顧客來說，只要能讓他們信任你家的是最好的味道就可以了。但要提供足以讓他們相信的線索，並一定要遵守說出的承諾。

大家都知道會有雪崩式流失顧客的情況。例如，曾約好只使用韓牛的著名老店使用了肉牛；在只用韓國產辣椒粉醃製的泡菜裡混入了中國產的辣椒粉；明明堅持說是天然、

---

* 在韓國泛指將菜包住肉和醬料一起吃。

** 南韓文化體育觀光部在 2021 年七月將韓國泡菜（Kimchi）的中文譯名，從「泡菜」正名為「辛奇」。但該對外發布的正式文件中，補充說明提到辛奇一詞適用於國家和地方自治團體的海外宣傳資料，但不強制民間部門使用，因此本書維持使用臺灣讀者較習慣的「泡菜」一詞。

*** 醬曲是釀製醬油和韓國大醬的基本原料，由煮熟的豆子發酵而成。韓文俗諺中有「就算說醬曲／腐乳（메주）餅是黃豆做的也不信」，比喻喪失信用。

野生，結果原來是養殖等等。

若不遵守約定，人們就會離開，無論是顧客還是員工，最後連家人都會離開。

「哈哈哈，原來評價好是有理由的！」

9. 購買

【名詞】購入物品等。

顧客在購買的那一刻，特別是付款的瞬間會感受到巨大的痛苦。雖然說用信用卡可以消除痛苦，但這是無知的想法。只有讓顧客感受到自己獲得了比支付金額還多的東西，才能減少痛苦。我們通常會使用「回本」這個字。因此無論是爆米花還是小包裝的蘿蔔泡菜，為了讓精心準備的料理更完美地發揚光大，都必須制定能減輕支付瞬間的痛苦的措施。

如果已經這麼做了，顧客還是沒有反復光顧你的店，那就意味著顧客沒有得到太大的滿足。因為你與競爭者沒有什麼差別，所以他們只會偶爾來。不要忘記，在顧客的笑容

背後，總是存在著一臺計算機。

「一定要記錄下這份幸福，讓按『讚』數多一點」

10. 分享

> 【名詞】二個以上的人共同擁有一個物品。

讓結束並非結束。

消費就是炫耀。如果是讓人不會後悔的消費，那麼就會想炫耀、宣傳自己在店裡的體驗，急著想大肆宣揚出去。如果已經與老闆產生了連結，那麼會更毫不猶豫地發揮宣傳大使的作用。為什麼？因為與其他消費者相比，做出了更好的選擇並得到優惠的自己「比普通人更重要、更出色」；相反地，如果根據「相互默認的交易契約」，但沒有收回相當於支付金額的價值，客人就會突然變成敵人，然後到處尋找洩憤的地方。偶爾還會在留言版使用過激的表達方式，讓店家疲於應對。

在入口網站上到處留言，使各位的品牌臭名四起。如

果發生這種事，請不要無視，要打起精神來。我想說一個令人毛骨悚然的故事給各位聽。在第四階段獲得好感的顧客候選人進入了第五階段的搜尋，結果發現留言上全是負評，那麼潛在顧客就會滅火死心，打消念頭只需要不到二秒的時間。希望看到這裡你已經完全改變了想法，不要再只是單純組合食材，如果現在不制定出讓顧客無法逃脫的「誘導購買行為」策略，就會在今後十幾年間的不景氣中沉沒並溺水身亡。

再次整理一下：

• 經常給予刺激

• 吸引注意，讓顧客不得不回頭

• 製造出讓顧客想烙印在腦中的注目點

• 安排吸引人心的關注點

• 準備讓人想起味道的趣味擺盤

• 誘導大家想立即在搜尋欄輸入你的菜單

• 讓人想不顧一切衝過去交易的構想

• 以令人無法想像的細節獲得好感

• 讓顧客相信你

- 直到支付款項的那一刻都讓人放心
- 創造絕對不後悔反而想炫耀的價值

商業的答案就在這個購買行為理論中。

祕 可以根據各位的行業省略其中二、三個步驟。先套用看看，再像訂製合身西裝一樣重新客製流程吧。然後二話不說，集中精力，付諸行動。

把光打在食物上吧

　　人類對高熱量食物照片做出反應是因為本能，若不能攝取足每日建議熱量，就會瘦下來。如果目的是減肥那無所謂，但如果目的是生存，那麼卡路里的重要性僅次於水和鈉。因此，比起看起來卡路里低的圖片，人們對卡路里高的照片和影片反應更敏感。

　　Instagram 食物照片的共同點是卡路里非常高，看起來「甜鹹甜鹹」，大多甜、鹹、令人頭暈目眩的食物都相當五彩繽紛。雖然大家異口同聲地指出 Instagramable 的弊端，卻很難違背本能。但是連行銷專家都無法明確指出的，是另一個祕密——高度和光線。黏在底部的食物不只在 Instagram 上，在任何社群媒體上都不會受到關注。

　　不管是什麼，只有靠近心臟、眼睛和大腦，才能產生強烈的刺激。沒有刺激就無法引起注意或受到關注。另外，如果這一階段不能提升到令人動心的關注階段，就不會演變成購買行為。所以「立起來吧」、「抬高吧」、「展示卡路里

@ 光州 丸吉

最後一擊是光。
不管用什麼方法，都要讓光照在被拍攝的物體上。
如果食物中沒有光，就沒有香氣和味道

吧」，這是我脖子青筋畢露也要用力強調的部分。

　　接下來需要最後一擊，就是光，也就是照明。沒有光
就沒有立體感。如果分量感下降，價值也會下降。價值下降
了就無法成交，因此無論用什麼方法，都要讓光照在被拍攝
的物體上。這裡所謂的被拍攝物體就是食物，食物若沒有

光，就聞不到香味，也嘗不到味道。但是，600萬個自營業者的照片中，有70%～80%的照片是沒有光的。

> 冷麵湯裡透著的光
> 荷包蛋蛋黃裡透出的光
> 豬排或五花肉反射的光
> 生魚片表面凝結的光
> 灑在白帶魚和烤鯖魚上的光
> 牛肋眼肉汁中摻雜的光
> 裹在炒年糕表面的光

就連拍照已經成為日常生活的人也不太瞭解光線。因此拍出來的照片是沒有力量的，了無生機，生動感早已消逝。明暗、曝光、構圖都很重要。但如果是以商業為目的，只有在菜單或產品上植入光線，才能吸引顧客。

溫度、香氣、味道的關聯性

有許多人只用文字呈現菜單，或是只放了看起來不怎麼好吃的照片。但當他們開始貼出充滿活力的照片，而且是相當大的照片後——這是一個難以察覺的舉動，但事實上產生了非常巨大的變化。就連擁有留學歸來的優秀員工的大企業，對照片的理解也非常不足。但是在社區內的餐廳老闆們開始將視覺交流導入實戰中後，每當看到實際執行的形象或營業場所現況時，就開心地讓人想跳起舞來。

每次上課我都會強調這張照片：新開發出的冬季菜單料理照片中，沒有裊裊上升的蒸氣或煙霧。這已經超越「嚴重問題」，而是「絕對無法忽視，攸關生死的問題」等級。無法感受到溫度的照片會趕走顧客。不，這根本就是恐嚇顧客，不想讓他們踏入自己的店。蒸氣和煙霧在這裡意味著什麼呢？是的，那就是溫度。比世上一切都還重要的溫度！

@ 挑剔的豬腳

左邊和右邊的照片,從哪張照片中能感受到香氣?
溫度與香氣有直接的關聯。
也就是說,只有呈現出食物的溫度,顧客才能感受到香氣。

　　但是，如果從照片中感受不到溫度呢？如果在食物照片中感覺不到溫度，大腦就會變得不情不願、不感興趣也不願意交易，也就不會下購買指示了。所以每節課都要強調「拜託請在照片中展示溫度」。如果照片中有熱呼呼的麵條，那畫面就應該熱氣騰騰。烤肉、排骨、綠豆煎餅都一樣，鍋物類就更不用多說了。

　　照片需要溫度的理由如下：溫度與香氣直接相關，只有展示出食物的溫度，顧客才能透過視覺感受到香味。收錄在第34頁的二張照片顯示出明顯差異。左邊和右邊的哪張照片能感受到香味呢？上課時給學員看這二張對比照後，所有人都會忙著拿出智慧型手機拍下來。

　　「請寫下右側照片中的香氣。」

　　接著是回答。

　　「甜甜的醬油香，香噴噴的氣味，燉煮的香氣，鑊氣……」

　　但如果詢問左邊的照片裡有什麼香味，學員們就會閉上嘴只點頭。可能是因為之前不知道這件事，所以至今為止店主們使用的一直都是沒有溫度的照片。

　　沒有溫度就沒有香氣，沒有香氣就無法期待味道。這就是「設計」（de+sign），是概念和品牌化。要將與別人截

@Asia

@ 大邱 呼吸的嫩豆腐

積極向顧客展示,吸引他們並讓他們打開錢包吧。

再怎麼強調也不為過。

「沒有溫度就沒有香味,沒有香味就沒有味道。」

然不同的想法展現出來，得到認可，留下難忘的印記。

　　比起生肉，人的大腦被設計成會對煮熟的肉有反應，這是因為我們有頭部的第一大腦和內臟中的第二大腦。內臟中存在約一億個左右的神經細胞，相當於一隻貓的腦細胞。這些細胞為了生存而忙碌著，不斷需求高熱量的食物。因此當能量開始下降時，就會出現像汽車一樣神經質的反應。不僅發出「咕嚕嚕」的警告聲，還會打開「嗶嗶嗶」的緊急照明燈發脾氣。飢餓的人會發脾氣的原因就在這裡。儘管是出了名的恩愛夫妻，卻經常吵架，很有可能就是因為飢餓，也就是生存本能。雪梨大學博登研究所（Boden Institute, University of Sydney）的阿曼達・薩利斯（Amanda Salis）博士表示：

　　「如果葡萄糖不足，我們的大腦就會感受到生命威脅，並陷入恐慌狀態。壓力荷爾蒙指數會馬上急劇增加，變得具有攻擊性」。

　　進入餐廳的人大部分都處於飢餓狀態，你曾見過那樣的客人帶著燦爛的笑容走進來嗎？雖然過一會兒他們就會因填飽肚子而露出安慰的微笑，但大部分在用餐前都與飢餓的猛獸沒有太大區別。當上菜順序和隔壁桌搞混對調時，客人們的腦中就會警鈴大作。他們的狀態就是已經變得如此敏感。

人類已經進化到會對提供最大能量的食物產生敏感反應。糖和脂肪是主角，因此人類分辨糖和脂肪含量高的食物的能力也很強，一看就馬上知道。正是因為這個理由，才會如此強調要展示出高卡路里的照片。看到可以大量生成腦內啡的食物照片時，在將食物放進嘴裡前大腦就會先做出反應，所以光是看到照片就容易陷入誘惑。為了引起這種反應，最重要的是高熱量食物的照片，和能感受到溫度的照片。

提高銷售額的祕訣就在比想象中還近的地方。把自己的食物重新拆散、組裝、分析一下。如果有能夠積極展現卡路里的食材和烹飪方法，別再隱藏了。用俗話來說就是「當用不用就會變成糞」[*]。

積極向顧客展示並吸引顧客，讓他們打開錢包。這一點再怎麼強調也不為過，我要不厭其煩地再強調一次：

「沒有溫度就沒有香氣，沒有香氣就沒有味道。」

＊아끼다 똥 된다. 指太過節省或珍惜，會讓物品變得失去價值、壞掉。

香味 70 分，味道 30 分

「光是聞味道就會發胖。」

柏克萊加州大學（University of California, Berkeley）關於氣味和嗅覺的實驗令人毛骨悚然。

哦，我的天！所以這是為什麼我減肥到現在都沒用嗎？應該有許多人和我有相似的反應。科學家們以老鼠進行實驗，採用完全消除嗅覺或放大嗅覺的方法進行實驗對照。雖然攝入了相同數量的食物，但二隻老鼠的身體變化完全不同。失去嗅覺的老鼠保持了瘦弱的體型，而嗅覺放大的老鼠體重增加了數倍以上。即使攝取相同數量的食物，也會產生如此不同的結果，到底是什麼原因呢？

參與實驗的前柏克萊加州大學博士、現任洛杉磯塞達斯—賽奈醫院（Cedars-Sinai Medical Center）研究員的塞琳・里拉（Celine Riera）博士表示：「感覺器官對新陳代謝有很大的影響。體重增加不是攝取了多少卡路里的問題，重要的是我們身體如何識別攝取的卡路里。」

簡單來說，即使吃同樣量的食物，如果聞不到味道，大腦就會將之判斷為我們身體「不需要儲存的營養成分」，因此不會發胖；相反地，如果聞到食物的味道，就會被認定為「需要儲存的營養成分」，因此體重會增加。

仔細一想，這完全是有道理的。肚子餓的時候會比吃飽的時候對氣味更敏感，因為身體認為散發著香味的食物是需要珍藏的營養成分。如果肚子非常飽的話，對香味會變得遲鈍（或經常乾脆不加以理會），因為這是不用再儲存的營養成分。這是一個重大的發現。

如果製作一個連接香氣、味道、價值的紐帶，會有很大的幫助。讓我們反過來推論一下上面的研究，也就是說，如果付錢吃的食物沒有味道，就不會被認為是需要儲存的營養成分。如果為了補充能量而吃的食物被判斷為不值得儲存在內臟和大腦中……那就不該吃了嗎？這可是很嚴重的問題。

無法滿足金錢和能量的交換？那就沒有再購買的理由了。啊哈！那麼，如果想讓我們的身體認為這是需要珍惜的營養成分，只要集中精力在氣味上就可以了！

剛煮好的米飯散發出的味道；小菜中加入紫蘇油和香油的香味；泡菜或大醬湯也不是單純只加熱就好，要思考如

何才能刺激唾液腺；水不是用直接燒開的普通開水，而是準備有香氣的玉竹茶或鍋巴湯等⋯⋯

要做的事情很多，氣味有著如此重要的作用，真是令人吃驚不已。

再次強調，如果無法掌握香味，就無法掌握顧客。顧客覺得不好吃的話，店就會倒閉了。味道不是只是「味」，應該寫作「香味」才對。因為如果拿掉香氣，就無法正確地理解味道。

我們都知道，如果捏著鼻子吃東西，是無法分辨出蘋果汁和洋蔥汁的。在感受食物的味道時，舌頭所占的比率只有30%，剩下的70%是透過嗅覺決定的。換句話說，我們覺得好吃的感受，大部分都是由嗅覺來判斷的。

所以，在什麼都不知道的情況下，只是努力做菜可以得到30分，做菜時將香味考慮進去，才能得到100分。回想感冒的狀態就很容易理解，在鼻塞的狀態下嘴裡吃進的一切都像沙子一樣，僅能感知食材的質地。因此，我大膽提議：

1. 讓人感受到香味

2. 把香味從廚房中引出來

3. 為招牌、店名、室內裝潢、桌子、水壺、
   筷子、桌子、溼紙巾等加上香氣

　　這樣一看，數十年來韓國一直備受歡迎的店家大多有著令人難忘的香氣。河東館（하동관）、又來屋（우래옥）、站著吃排骨（서서갈비）、良味屋（양미옥）、永春屋（영춘옥）、清進屋（청진옥）、朝鮮屋（조선옥）、明洞炸豬排（명동돈까스）、站前會館（역전회관）、媽媽大成家（어머니대성집）、新發園（신발원）、太祖馬鈴薯豬骨湯（태조감자국）……僅唸出店名就能嗅到香氣。你感受到了嗎？這就是香味的力量。

美女愛吃松阪豬

在聽講的學生中，有一位讓人印象特別深刻。那一期的學生裡有許多烤肉店老闆。當大家都以「濟州」[*]、「熟成」等為口號，執行差異化策略時，這位卻完全不同，他把主力放在松阪豬上。問他為什麼把松阪豬當成主要武器，他說因為松阪豬更好吃。用大火先烤過一次，再放在烤網上用炭火烤著吃的話，美味的肉汁會讓人豎起雙手大拇指稱讚說這真是藝術。哦吼！如果總動員目標受眾（Target Audience, TA）和分組（Grouping），還有非自主音樂形象（Involuntary Musical Imagery）[**]這三種方法的話，想必會很有趣的⋯⋯

接著我提問。

「目標受眾是誰？」

---

[*] 指濟州島，因濟州島黑豬肉以肉質鮮嫩，沒有一般豬的腥味聞名，在烤肉店為品質保證肉品的代表。

[**] 又稱為耳蟲（Earworm）現象，指特定的音樂片段或旋律在腦海中不斷出現，揮之不去。

「希望有很多年輕漂亮的女性來光顧。」

好，上鉤了，已經足夠了。

我也像給其他學員一樣，送了一份禮物給他。

「美女喜歡松阪豬～」

雖然是上課時間，但到處都還是亂哄哄的，不知道是誰先開始哼起歌來。這可不是隨口說出來的主意，隨便拼湊是湊合不出好作品的。為什麼全世界知名品牌捧著少則數億韓元，多則花上數百億韓元聘請廣告文案人員呢？他們的意圖是讓最大數量的人在最短時間內受到刺激和反應，使廣告內容絕不會在顧客大腦中消失。如果想要像這樣一口氣展現主題，說服他們成為自己的粉絲，就要創建出一個方程式。

假設目標受眾是年輕漂亮的女性顧客，你就應該提出一個關鍵詞，然後調動各種精力掃描大腦，帶出節奏。只要找到與目標顧客相匹配的流行歌曲，就能創造超爆紅廣告。

女性顧客＝美女（美人）

「看一遍，又看第二遍，好想見你啊～」如何？雖然只是單字和句子，但大家現在能感受到大腦中節奏和節拍在蠢蠢欲動嗎？這是理所當然的結果，除非你與世隔絕超過半個

世紀。我想起的是長髮、彈著吉他拿著麥克風的韓國搖滾教父申重鉉老師或某位美麗的女演員。著名炸雞品牌不是平白無故地花大錢請像徐玄振這樣的代言人來拍廣告的，話又說回來，那麼美麗的女子，可是正拿著雞腿，愉快地在廣告中唱著歌呢！

「想咬一口，咬二口，總是一直想咬～」

這就是所謂國家代表級專業人士的祕密武器。

用文字讓人聯想到形象和音樂的訣竅！這個是花了一千萬韓元（約新臺幣23萬元）拍攝的廣告。來，讓我們重新回到美女身上。你想賣什麼？好，松阪豬。

美女與松阪豬，放在一起看似八竿子打不著的單字組合，如果使用非自主音樂意象，發揮黏著劑作用，就會變成天作之合。大家還記得穿著白色西裝彈鋼琴，俘獲眾多女性芳心的李準基嗎？他演唱的歌曲就是……

「美女喜歡石榴～」

美女＋松阪豬＋喜歡……初烤和炭火二次燒烤只是協助，不會成為店家領先的理由。而腦力激盪後誕生的廣告詞就是「美女愛吃松阪豬」。老闆非常滿意，在高卡路里的肉類照片上大大寫上這句廣告詞，並做成足以覆蓋整棟建築物牆面的橫幅廣告。

結果呢？無論是跟著唱還是哼旋律，都在無意識中抓住了動搖的顧客，特別是美女們的心。那不是美女就不能進店了嗎？這個問題的答案我稱之為分組。世界上最有效的行銷訣竅，就是分組。

所以被劃分了。美女愛吃松阪豬，絕對沒有寫「只有美女」喜歡松阪豬，也沒有說過吃松阪豬會變成美女。只是從字典裡找出二個單詞連接起來而已。而且做出了非常強烈的判斷，主語喜歡賓語。

認為自己是美女的人會在心情好的狀態下吃松阪豬，認為自己要算上美女還差 2% 的人，可能會想「要努力吃才能成為美女」。

把「美女」改成「帥哥」，把「松阪豬」改成「排骨」或「豬腳」，把「愛」改成「喜歡」或「想念」也沒有任何問題。但必須找到只聽一次就能浮現在腦海中的優秀廣告詞和不由自主出現的音樂形象，你才能在舞臺上獲得聚光燈和掌聲。

好想拿　好想拿　好想伸手拿〇〇～

我們12點見吧 ○○○○～

我倆相見吧 ○○○○～

如果是錢賺很多的企業家只要諮詢廣告公司就好。但如果是規模僅能餬口飯吃的的餐廳老闆，那就對這些天才前人們表示感謝，並去思考、分析、努力尋找，打造屬於你的音樂形象吧！

音效的威力

我們要從幾個問題出發。

「為什麼韓國的餐廳老闆們不重視食物的聲音呢？」

「用眼睛吃是 20 年前的事情了……該製造出什麼樣的
聲音，才會讓顧客長久記得呢？」

「在製作食物或吃飯時，如果去掉音效，會有什麼結果
呢？」

最後一個問題我們馬上就能進行確認。打開電視切換
頻道時，經常會看到吃播和料理節目，請按一下「靜音」鍵
測試看看吧。你會發現，與至今為止看過的料理節目、吃播
相比，靜音後的趣味性嚴重下降。雙頰聚積口水或下巴內側
發癢的強度將減少到十分之一。

滋滋滋、咯噔咯噔、嘩啦啦、呼嚕嚕、嘖嘖、咂咂、
唰啦……

其中當然也有令人痛苦的聲音。同行的人把食物送入口中時，如果發出太多咀嚼聲的話會讓人皺起眉頭，甚至很多人因此胃口全失。但是製造出聲音並直接感受到共鳴的人，他們的幸福感是無法言喻的。

與不發出聲音的人相比，發出聲音的人享受食物的程度多出好幾倍，僅從表情和用筷子的方式就能猜到這一點。除了這種讓旁人困擾的方式外，還有一種讓顧客迷上自己吃東西的聲音的方法，那就是把聲音最大化。只要善加利用桌上的照明，就能得到絕妙的效果和反應。這個小工具就是燈罩。燈罩中有能扮演音箱作用的不鏽鋼、鋁、塑膠、木頭等材質，可以放大吃東西的聲音，提高滿意度。

但有一點需要注意的是，只有使用與自家飲食相配的燈光才能看到效果。若在冷的食物上使用暖光，或在熱的食物上使用冷光，還不如不做。

如果想馬上測試的話，可以在桌上放上食物，邊做料理邊撐起塑膠布面雨傘，十秒鐘就可以知道結果。嚴禁使用任何吸收聲音的材料。肉煮熟的聲音、湯沸騰的聲音、任何聲音都會透過反射和放大來撩撥耳朵。加倍的音效會帶來更強烈的刺激，提高滿意度。

在料理和聲音方面被認為是世界第一的餐廳「Ultraviolet」天才廚師保羅・佩雷（Paul Pairet），乾脆把上海的營業場所變成了放映室。Ultraviolet 在世界級餐廳米其林指南中獲得三顆星，是公認的「頂尖中的頂尖」（Top of Top）。

　　他那由 22 道菜組成的晚餐甚至讓人有些驚慌失措。每當上菜時，構成用餐空間的牆上的顯示器就會出現影像。不僅有巨幅的蔬菜和肉類登場，還有田野、樹林和大海，並迎來了風和浪。在被稱為 studio 的操控室裡，甚至可以控制音效和香氣，海鮮料理上菜時，大海的味道和嘩啦嘩啦的波濤聲填滿了空間。將沉睡在潛意識深處的記憶一一召喚出來，替味道增添生動感，在空間裡撒上聲音的調味料。^{QR}

　　重新回到我們所處的現實……

　　若為了放大聲音而用這種材質覆蓋天花板可能會造成暈眩感，因此有必要在天花板塗上吸音材料，保持應該放大

《紐約時報》（*The New York Times*）對由 22 道菜組成的上海「Ultraviolet」晚宴進行了深入報導。

的聲音和不該放大的聲音的界限，也可以從其他層面下手。只有當店家提供了與競爭者不同的暗號和刺激，才能做出差異化。各位現在用的是什麼手機鈴聲呢？是偶像的舞曲還是金蓮子*的《命運之愛》（Amor Fati）？又或者是重新編曲，讓人聽得舒服的古典音樂？

使用精彩音樂的理由只有一個：為了贏得對方的好感。像我這樣遲鈍的人可能不一定會感受到，但若想和別人有所區別、想突顯出自己、想為對方帶來更舒適的感覺，就要採取這種措施。總之，各位已經創造出了象徵。如果你是做生意的人，我想提出這樣的建議。

各位，引入能積極代表品牌和菜單的突出音效如何？

噹啷噹啷、咕嘟咕嘟、滋滋作響……！

如果有人打電話給你或你的店時，來電答鈴出現開瓶蓋的聲音、倒啤酒的聲音、或往冰杯裡倒可樂的聲音、呼嚕呼嚕吃麵的聲音，你的店將成為大韓民國最強的店。如果和

---

* 1974 年出道的韓國歌手，歌聲風靡日韓，被譽為韓流始祖。

他人一樣只用人聲錄語音，很難區分這間店到底是日式餐廳、麵店還是炸雞店。與他人沒有區別，就會被淘汰。

　　不只來電答鈴，如果在店外設置大聲公，播放讓人聯想到各位料理的音樂形象，這會是很大的刺激。刺激是十分多元的，而且愈深入愈持久。不僅是視覺，嗅覺、聽覺也要融合在一起才能完成。所以請各位銘記在心：聲音製造味道。如果刺激了人的感覺和衝動，顧客的購買行為就會發生變化。如果正好是那個時候必要的聲音（在需要吃點心的下午四點聽到煮泡麵的聲音、加班時聽到炸雞的聲音），毛細孔、血管和全身的感覺接收到刺激，就會產生令人難以置信的強烈聯想作用。想為正邁向倒閉之路的店面立刻做點什麼的話，就在店外掛上大聲公播放食物的聲音吧。責任我來承擔。

尋找適合自己店面的音源

首先，在 YouTube 上搜索「ASMR」就可以，然後在前面加個修飾詞吧。只要加上「烤肉」、「煮湯」、「油炸」、「在砧板上切食材」、「在鐵板上煎」、「洗蔬菜水果」等必要的單字或句子，就會出現無數相似的錄音檔。先聽一遍，然後用自己店的風格自行錄音，匯入 USB 後整日播放即可。這 24 小時忠實地執行「攬客」行為的勤勞員工將發揮影響，帶來效果。

能激發挑戰欲的視覺效果

播放了近二年的韓國KBS《生活情報通》的人氣單元「價格破壞WHY」中出現了許多異想天開的餐廳。這些因價格差異而大獲成功的店面登場時，觀眾們會屏住呼吸，專心做筆記，這就是這個單元長壽的祕訣。因此在節目中曝光的店家，銷售額少則增加二至三倍、多則增加了近十倍。從節目介紹的店家中選出最讓人印象深刻的幾間，例如……

1900韓元的炸醬麵（新臺幣約45元）、9000韓元的綜合韓牛肥腸（新臺幣約210元）、5000韓元的豆腐鍋（新臺幣約120元）、2萬2000韓元的花蛤刀削麵（新臺幣約510元）……

如果看到有趣的菜單，大腦就會立即做出反應，開始心動。只要電視美食名店的消息被傳開，就會馬上大排長龍，但時間不會超過一個月。這是因為背叛感。看完節目後特意大老遠跑去排隊……但是……若味道沒有達到預期，顧客最終會生氣並成為黑粉。花費的費用（交通費＋餐費），

以及機會成本，再加上高期待值，使滿足感更低。

在這方面，破壞價格的餐廳相對來說比較自由，親切、謙遜的價格似乎壓制了顧客的憤怒。而在生命力較長的破壞式價格餐廳中，也有其樂趣和奇妙的中毒性在。

大家有看過「怪物炸醬麵」嗎？如果沒有的話，希望你能嘗試一下。臉盆大小的盤子盛滿麵和炸醬，服務生端著盤子靠近桌子時，不論是誰都會發出驚嘆聲，然後用手機狂拍上好一陣子。這份料理的價格是1萬5000韓元（新臺幣約350元），麵量相當於五人份普通炸醬麵。^QR

本來這家餐廳的炸醬麵是5000韓元，但是如果點五人份的怪物麵，相當於一人份只要3000韓元。顧客想都沒想到就掉進陷阱裡了。三個人點這道料理是理所當然的，即使只有二人，年輕人們也會陷入咒語的誘惑之中。還有一件更有趣的事，那就是只要在20分鐘內一個人吃完，這碗怪物炸醬麵就是免費的。這雖然是日本拉麵店經常使用的手法，

弘大怪物炸醬麵。看著這個臉盆大小的盤子裡裝的炸醬麵，不管是誰都會先拿出手機。

@ 平原炭烤排骨

「消費就是炫耀」這句話也是起源於征服欲。
一公斤的排骨？七人份的刀削麵？五公尺的炸醬麵？
讓我們征服你的菜單吧。

但在炸醬麵店卻很少見。

顧客想挑戰，就算業主沒有拜託，也會自己拍照上傳到社群媒體上，邊吃邊咯咯笑，運氣好的話甚至不用付錢……那麼，大家究竟會用什麼武器點燃顧客的挑戰欲呢？

一公斤的排骨？七人份的刀削麵？五公尺的
炸醬麵？

如果製作出讓人想挑戰一次的菜單，就能取得二種效果：挑戰欲和征服欲。人類最強烈的欲望是食慾、性慾和征服欲。好，讓我們來征服你的菜單，他也來、她也來，讓想要征服和炫耀的人都來。「消費就是炫耀」這句話正是以征服欲作為出發點的。

為什麼很多人在發現好吃且有意義的餐廳時，就會加上一句「我發掘的」這樣的修飾語呢？因為這代表了別人所不知道的未知空間和食物的喜悅，所以會用「發掘」一詞代替尋找和征服。請隨時準備接受想要征服的人的挑戰吧，一年365天都要準備好。

投資 50 萬韓元，
銷售額增加 1.5 倍

　　雖然每個購物網站都不一樣，但最近50吋電視的售價大約是40萬韓元左右（新臺幣約9400元）。把電視放在桌上，讓它朝向店外，然後就不用再多花錢了。如果想在店面展示窗前威風凜凜、有品味地掛上電視螢幕，就需要裝上固定在天花板的支架，全部加起來50萬韓元（約新臺幣1萬2000元）就足夠了。

　　好，話說回來，我們要拿電視來做什麼呢？答案是拍下所有與自己店內食物相關的影片然後上傳吧。洗生菜、涼拌辣白菜、煎煎餅、烤肉、燉湯、炸炸雞、煮麵條、炒青菜、烤魚……

　　如果有想深深留在顧客腦海中的主張或理念，就用相機記錄下來吧。在上課時經常會播放江陵Terarosa Coffee的YouTube影片[QR]。他們把乘坐吉普車穿梭於非洲大陸，尋找咖啡產地、採集咖啡豆、清洗後烘焙的所有過程

都製作成影像,並以輕快的非洲民俗音樂作為背景音樂(BGM)。看影片時我是這樣想的:

1. 看來 Terarosa 有親自造訪當地呢
2. 生產者的表情都很開朗
3. 不知為何,感覺只要喝下那杯咖啡,自己的心情也會變好
4. 能贏過 Terarosa 的品牌應該不多……

不只是我,大部分觀眾都會有這樣的想法。雖然使用社群媒體也很好,但可以直接獲得巨大效果的地方,正是街邊店。大螢幕立在店門前,播放出有滋滋滋、咕嚕咕嚕、啪嗒啪嗒音效的影片……

如果想引起顧客的反應,就先別問也別細究,要給予刺激。對於飢餓的顧客來說,沒有比這更強烈的拷問了。我

Terarosa Coffee 在影片中詳細展示了前往咖啡產地,穿梭於非洲大陸,以及烘豆的過程。這就是視覺交流的優秀案例。

敢保證,如果安裝螢幕並拍攝影片播放,銷售額卻沒有上升的話,我打算退書錢給你。這就是如此強大的武器。

視覺交流不是用語言,而是用圖片或影像操縱顧客的行動。如果用比較粗俗的話來形容,很難找到像螢幕這樣的「皮條客」,一年365天,不論冷、熱、下雨、雪花紛飛也沒有怨言。即使播放24小時,也不會要求來一瓶能量飲料。而猶豫不決的老闆中有相當多的人擔心醉漢問題。

「喝醉的奧客只要一揮拳,(電視壞了的話)我連賠償都得不到。」

又不是要用上千年萬年,就當成是消耗品吧。頂著風雨使用一年就好。不,是打從最初就制定這樣的策略,心裡才會舒服。50萬韓元除以365天,大約是1370韓元(新臺幣約33元)。每天1370韓元是連發傳單的工讀生也請不起的小錢,但效果卻有200分。

借用大田餐廳五百噸的權順宇(音譯)代表的話來說,看到影片的行人們彷彿喝醉似地被吸引到店內。好吧,如果還是沒有勇氣的話,請想想「只要一天多一桌客人,就算有回本」吧。但有個例外條款。如果你現在已經是排隊就要一個小時、每天翻桌20輪左右、每次繳稅都要繳上億韓元稅金的店家,不這麼做也可以。不,應該說希望你不要這

麼做。

那麼，該怎麼拍影片呢？最好的教科書是「外送的民族」*廣告。我第一次看到在如此短的時間裡，就能強力傳達這麼多內容的廣告。^{QR}

今天想吃炸雞
今天想吃鍋類
今天想吃豬腳
今天想吃辣炒年糕

塞在各位包包或口袋裡的智慧型手機是摧毀全世界數位相機和手持攝影機市場的怪物，手機的性能就是如此出色。所以不要猶豫，請出店裡的主角並仔細記錄吧。

如果不知道如何剪輯，只要在一個場景中拍一個鏡頭（one scene, one cut）就好。這時相機不能動，相反地，讓

外送的民族廣告展示了在短時間內傳達強烈訊息的有效方法。

綠豆煎餅、麵條、炸雞、豬腳等拍攝對象移動吧，影像會變得更加生動。請各位親自拍攝精心準備的食物，然後將檔案移到 USB 中，插入電視顯示器，你就會知道這是多麼強大的武器啊。

比辣味更銷魂的滋味，
「已知的味道」

「痛嗎？我也覺得痛。」

在喜愛的電視劇中，女主角受傷的話，觀看的人也會心碎。在國家足球比賽中，如果我國選手進球，觀眾就會從座位上站起來，如果對方進球，就會髒話連篇。在娛樂節目中，當藝人進行高空彈跳時，我們會感到心驚膽戰，看到在下坡路上以驚人的速度行駛的登山腳踏車手心也會出汗。因為我們的大腦中有面鏡子。

被稱為鏡像神經元（mirror neuron）的神經細胞由義大利神經心理學家賈科莫・里佐拉蒂（Giacomo Rizzolatti）教授首次發表，他在實驗中使用了猴子進行測驗。受試的猴子僅憑看到其他猴子或人的行動，就會像自己在行動一樣做出反應。在《好吃的傢夥們》節目中，看到金峻鉉和文世潤吃排骨時我們也口水直流，就是因為鏡

像神經元。正在發生的事像鏡子一樣投影，刺激我們的潛意識。

正是因為「共感本能」，未來學家里夫金（Jeremy Rifkin）將這種人類的特性稱為「Homo Emphaticus」。有趣的是，如果該行動或拍攝對象等是從未經歷的經驗，就不會有反應，至少要直接或間接地經歷過才會產生反應。我每週在 Facebook 上傳一次吃播也是因為這個原因。把炸醬麵咻嚕嚕地塞進嘴裡，呼呼地吹著炸河豚再咬一口，在巨大的生菜上堆上鰻魚、豬肉和雞胗，然後放進嘴裡。

雖然是看著智慧型手機的相機鏡頭吃東西的樣子，但內心卻是看著觀賞影片的觀眾們腦中的鏡子進行吃播。因為我想悄悄地傳達這樣的訊息：

「美食評論家在這裡這樣吃著美食。」

雖然影片只有十秒左右，但反應熱烈。

「口水直流。」

「這週一定要去吃。」

「半夜讓我們看這個是不是太過分了……？」

序論很長。好的，現在你知道什麼是鏡像神經元了，

但是這到底應該運用在哪裡呢？

在過去的三至四年裡，大家爭先恐後地在社群媒體上進行活動。

「在臉書或者Instagram上傳我們的菜單照片，就免費提供飲料」或「優惠1000韓元」。

以宣傳行銷角度進行的這類活動一開始也是新鮮且令人震驚的想法。由於不跟著做就會顯得很奇怪，所以後來所有店家都投入相同的活動，現在這已經不是能產生差別的要素，淪落為可有可無的活動。只有自己獨家擁有才能算是擁有武器，如果競爭者也有，就沒有殺傷力了。

好，那我們再進化一個階段吧！一張照片是不夠的。各位每天接觸的電視或電影等影像以每秒30張或24張的照片構成，當然比起單一張照片更能在顧客的大腦中留下深刻印象。這也是為了刺激鏡像神經元而強調上傳影片的原因。所以現在別只是單純上傳食物的照片了，邀請顧客做吃播吧。

吃炸醬麵、吃餃子、吃炒年糕都無所謂。愈是顧客熟悉的味道，就會愈強烈、愈難以忍受。無論是線上還是線

下，只要看到有人吃東西，觀眾的大腦就會受到很大的刺激。正因如此，人們才覺得已知的味道很可怕。

如果是不知道的味道，事情就不一樣了。醋醃鯡魚？燒青苔烤出的鮭魚？炸海星？對於沒吃過的食物，雖然大腦中的鏡子在運作，但共鳴並不大，無法引起興趣、趣味和興致。如果各位店裡賣的食物不是這種稀有物品，而是任何人都能想像到的食物和味道，那現在馬上拍吃播，然後拜託顧客吧。這樣顧客才會在記事本上記下你的品牌，打開導航，聯絡朋友一起去。

現在察覺到了嗎？無線電視臺為何不擇手段地製作美食和烹飪節目？在知性節目、旅遊節目、甚至戀愛節目中一定會加入美食橋段。專家們非常清楚這些影像刺激了觀眾們的鏡像神經元，因此才會在適當的地方放入刺激唾液腺的吃相。

上課時一提到鏡像神經元，學員們就會緊握原子筆，用力在教材上疾筆振書個二、三頁。我想這應該是為了能觸動至今為止沒有品嚐過自己食物的預備顧客和潛在顧客的鏡子吧。有一個極為絕妙的方法可以用在自己的品牌上，這是日式炸物和烤串專賣店「gonigini」所實行的創意。

「 從上傳吃播的顧客中選出前三名，贈送免費試吃券。」^{QR}

活動不應該隨便辦。答對問題就送機票？在留言板上分享心得就抽籤贈送金戒指？有辦活動當然比沒辦強一百倍，但如果想提高參與度，讓所有人都有挑戰的意志，就不要選擇中獎可能性微乎其微的商品，而是不論是誰都能輕鬆接觸到的「 熟悉的味道 」吧。

「 從上傳吃播的顧客中選出前三名，贈送免費試吃券。」

打造一個吸引顧客參與的活動吧。

2 在蒸蛋上插旗
展現並留下深刻印象

不是賣餐點而是賣內容

「你相信人類可以準確記住食物的味道嗎？」

「人類連72小時前吃過什麼都不記得了。」

「你在說什麼啊？我可是完美地記得那間老店Q彈麵條的滋味！」

「那是因為你吃過很多次，反復學習的結果。如果只想靠味道被記住，不管多努力，都只會得到和別人半斤八兩的評價。」

味道不是全部，但味道是最基本的，其他被記住的都是象徵或內容。有時雖然記不起店名，但卻能說出：「就是那家啊。市場巷子裡賣肥腸火鍋的那家～！」如果記得味道的話，就會說「就是那家啊，腸子特別香，湯頭香辣又濃郁的火鍋店～！」

事實上，在記憶餐廳時，味覺只影響了一小部分。相較之下，擺放在玄關前的大型雕像、特別親切的代客泊車服

務員、休息室裡的遊戲機、長髮的老闆娘、吊燈閃爍發光的房間、裝在牆上的水族箱、有著高椅背的沙發、12種小菜、裝在餐盒裡的醬菜和魚醬、員工們腰上掛的夾子和剪刀、測量烤盤溫度的紅外線溫度計等，反而更讓人印象深刻。所以我想在此理直氣壯地強調：

「不要賣餐點，要賣內容。」

「內容」是什麼？簡單來說，在自家店裡發生的一切就是內容。在表現內容時，添加屬於自己的風格或色彩，就會錦上添花。蘿蔔不是只用普通的蘿蔔，而是用像優生寶寶一樣白白胖胖的蘿蔔、專門製作湯頭的淨水器、新替換的四角盤、下雨天店門前的行道樹、清潔空調、員工聚餐、客滿、排隊等待……

雖然暗地裡想表現自己的店比別人好，但如果和競爭者一樣，就一點用也沒有。請將自己店裡使用的所有東西，都披上自己的想法和色彩吧。這就是風格，這就是內容，你要向所有人展現出自己的想法！

這裡還有一個重要的亮點，那就是要表現出精彩、有品味、熱情之處。但也切記，你得要區分出這些究竟是自己想說的話，還是顧客想聽的話。如果費盡心思用「像常綠的樹木般的小蘿蔔」來形容，但顧客卻感受不到好感或好處，

那還是別這麼做了吧。

「這間店讓人沒有時間感到無聊，總是刺激著我的好奇心，讓人想再去一次～」

既然如此，比起文字，照片會更好；比起照片，拍攝過程的影片又充滿更多力量。只有這樣製作並流傳內容，才能感性地貼近顧客。感性比理性更深更持久。當今世界，只有有內容才能銷售。從這個意義上來講，我想大膽地提出下列建議：

「請每天製作出三項內容吧。」

這些內容分別是：

1. 我的店
2. 我的菜單
3. 我用的食材
4. 處理過程
5. 我擁有的料理技術
6. 客人
7. 天氣

要和這些有關聯。

高基里蕎麥涼麵（고기리 막국수）每天有 30 輪的翻桌率、氣勢銳不可擋，老闆金潤貞（音譯）以縝密的策略銷售麵條，不，是銷售內容。

「立春麵條」^{QR}。

仔細分析的話，其實就是從同一個廚房做出來的相同麵條，只是加上了立春兩個字。因此可能也會有人說加上「立春」的修飾語會不會太浮誇，但我要提供科學依據給這些人。因為一年 365 天，這片土地每天的溫度和溼度皆不相同，剛收穫的新蕎麥和一、二個月後的蕎麥也不一樣，因此添加節氣概念的麵條顯然是正確的。

但我們為什麼不能稱呼「立春豆腐」、「夏至泡菜」、「立秋泥鰍湯」、「立冬餃子火鍋」呢？因為這些料理沒有珍惜那細微的差異。又或者該說，因為沒有學會創造顧客認可的價值，只有把這些經過苦惱的過程製作出的內容流傳出去才有意義。如果整天只捏著自己的大腿長吁短嘆，別人是

高基里蕎麥涼麵的「立春麵條」。資訊會讓人產生好感並獲得信仟，銷售內容就是這樣做的。

不會理解自己的痛苦的。要不斷宣傳再宣傳，只有這樣，這些資訊才能獲得好感、獲得信任。這種感性的刺激會打動顧客的大腦和心靈。

「這家店真的很認真。」

產生了顧客必須前往一訪的動機，那就夠了。如果用了生鮑魚煮飯，那就把鮑魚在烹飪過程中扭動的模樣拍下來吧。

例如，凌晨去菜園摘辣椒和生菜時也拍張照打卡吧。十公斤重的黃姑魚一進貨，就舉起來拍攝牠威風凜凜的樣貌吧！去市場買菜、製作豆腐的過程，煎煎餅的畫面……什麼都可以。顧客對自家餐飲和品牌的**所有疑慮**都可以是內容。當看到各位用心製作的內容，顧客的疑心自然而然會消除，並會讓他們感到嘴癢難耐。讓你的內容比強力膠的黏性更強，一旦黏上後想撕也撕不掉，牢牢地抓住顧客的大腦，感染準顧客和潛在顧客吧。

「這種東西真的能提高銷售額嗎？」

「這個嘛……這是在致命的不景氣中生存下來的5%的人珍藏的頂級祕密。在競爭者散布這些內容之前，讓我們快點開始做吧。」

創造出有意義的事件

有意味

有＋意義＋味道

「既要有意義，又要有味道。」

光靠賣餐點無法成爲有意義的事件。顧客之所以不願意記住，是因爲沒有什麼值得他們努力記得的。一句話來說，就是沒意思。天啊，居然說販賣者沒意思，真讓人難過。不過這是指販售的人沒有想法嗎？那麼，要加入什麼、怎麼加入才會有「意思」呢？答案就在漢字「意」裡。

意＝音＋心

「發出內心的聲音。發出自己的想法或色彩的聲音。」

也就是要「與眾不同」，同時又有「自我風格」，這些最終都是由白我的想法所形成。

不管那是什麼，在自己每天經手處理的一切事物當

中，都必須包含自己的想法。如果毫無想法就做生意，被顧客無視也只是剛好而已。如果「想法」這個詞太抽象以至於難以理解，可以替換成「苦惱」。

我的麵條、我的肉、我的泡菜，我的湯，都應該以與眾不同的想法來決定，只有這樣才能製造出有意義的事件。只有在老闆經過激烈的苦思並明確展現出自己的哲學時，才能完成有意義的內容。

當銷售的是五花肉，以名為「杜洛克」的品種豬搭配英國產的「馬爾頓」鹽（Maldon Salt），這樣就會變成特別的五花肉店。不是單純「賣美味的排骨」，而是告訴顧客**「在知禮豬的兩側切出鑽石型刀痕，用蜂蜜調味後在爐上烘烤」**，這就是創想。哪怕只有1%也好，我們要讓顧客感到更幸福和快樂。必須得是純然地由自己絞盡腦汁後產出的、未抄襲他人的想法，而且要能將自己苦惱數日的想法和判斷傳達出去，這樣事情就會變得有意義。

即使只是對食材或擺盤進行物理性變化也會產生意義。把大多煎成圓形的煎餅用四角平底鍋來煎，做成方形的煎餅，這樣也很有意思。不是別人的想法，而是把自己的想法融入餐點內，顧客才會感受到意義。本來應該要切的白帶

@ 大田 Yosigdang

沒有自己的想法、想都不想就提供給顧客的話,是會被遺忘的。
只有當顧客覺得我的麵條、我的肉、我的泡菜、我的湯和別人不同,
才會成為有意義的事件。

魚改成不切、直接整條上菜，也會產生意義。不用和別人一樣的鹽和胡椒罐，而是用像自動研磨機一樣磨碎鹽和胡椒的機器，這也具有意義。把用來沾明太魚乾、小明太魚或明太魚香絲的美乃滋醬油做得像蛋糕一樣也有意義。把圓形的炸豬排捲起來變成圓條狀，也會成為值得記憶的意義。

把韓牛肉盤做成三層，用鮭魚做蛋糕，把排骨切成一片一片，像疊疊樂一樣堆起來，在炒碼麵中放入整隻魷魚並立起來，把冰咖啡裡的冰塊做成恐龍模樣……這樣就會成為不易被遺忘的象徵，成為對顧客來說有意義的事件。

相反地，如果沒有意義、沒有想法、沒有苦思，那就沒意思了。不僅誰都不會理睬，更會讓僅有的客人也轉身離去，沒有意義就是如此危險的病毒。

希望我們大家都能有意義地「好好思考再生活」。

生存 72 小時

「味道都還可以嗎？」

「啊……是的……很好吃。」

第二天，躲在櫃檯後面偷看路過的客人時發現。

「嗯？是昨天說好吃的客人……」

隔天、再隔天都直接路過我的店沒進來。怎麼回事？明明就說餐點很好吃……客人們是不是對我說謊了？怎麼想也找不到答案。

各位，以後請不要只聽信顧客說出的話，要相信他的手臂和手。行動會受到大腦的指示，如果真的被你的店和菜單感動了，那麼他絕對不會只用一隻手掏出信用卡。即使不是畢恭畢敬的雙手，至少也會用沒有拿著信用卡的另一隻手或手臂來扶一下，帶有一點禮貌。如果顧客感受到無限感動，就會毫不猶豫地 90 度鞠躬。

人類會用行動代替語言，觀察他的行動就能看到答案。而且一開始的提問本身就有極大的錯誤，這不是問了個

誘導性的問題嗎？如果問好不好吃，哪怕是敷衍也會回答好吃。那你覺得有什麼要改進的地方嗎？如果改成這樣問，顧客就會費盡心思地重新回顧在餐廳的經驗，努力找出就算不提也沒差的不便之處。

「為什麼顧客們不每天都來我的店呢？」

「真希望他們一週七天每天都能來，來吃早餐、吃午餐、吃晚餐……」

這個問題的答案出乎意料地近在咫尺，從現在開始進入神奇的記憶世界吧。電視上播放著以前看過的電影，演員和畫面明明都有看過，但是……唉唷，李貞賢居然有出演《鳴梁》嗎？《國際市場》中黃晸珉說過那種臺詞嗎？原來在《辣手警探》中模特兒張允柱飾演了刑警啊。任達華在《神偷大劫案》中扮演了非常重要的角色嗎？[*]是上了年紀嗎，怎麼一點都想不起來呢？難道該吃增強記憶力的保健食品了嗎？雖然你會感到驚訝，但是沒有必要太苦惱，人類的記憶本來就是這樣的。在這裡，我要問一個問題。

「各位還記得昨天、前天、大前天中午吃了什麼嗎？」

「還記得昨天、前天、大前天穿的內褲顏色嗎？」

如果回答是「我記得」，那麼各位要不是擁有前10%的

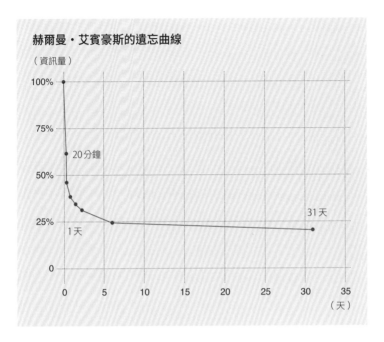

赫爾曼・艾賓豪斯的遺忘曲線

好吃又物超所值，為什麼顧客們不再次造訪呢？
艾賓豪斯的遺忘曲線讓我們領悟到，
我們必須不斷地去展示些什麼給他們看。

---

* 《鳴梁》為 2014 年上映的韓國古裝戰爭電影；《國際市場》在 2014 年上映，講述因韓戰
而四處避難的一家人故事；《辣手警探》是 2015 年的韓國警匪動作片；《神偷大劫案》則
為 2012 年韓國和香港多位重量級明星攜手合作的韓國電影。

非凡記憶力，就是每天只吃同樣的食物、只穿相同顏色的內褲。

以人類記憶的相關研究嶄露頭角的德國心理學家赫爾曼・艾賓豪斯（Hermann Ebbinghaus）發表了遺忘曲線（Forgetting Curve），震驚全世界。他提出了記憶痕跡是在什麼條件下獲得、持續多長時間、是什麼導致遺忘等問題。

讓我們回到國高中時期吧。全校排名第一的孩子即使下了課也不會馬上跑到操場，而是坐在座位上，在短短的休息時間內複習前50分鐘的上課內容。學習後過1個小時，記憶就會消失到剩50%以下，8個小時後記憶就會只剩20%，24個小時後，只剩不到10%的記憶留在我們的大腦中。相反地，如果在學習後立刻複習二分鐘，就能持續維持40%左右的記憶，複習二次的話可以達到60%，所以我們才會「複習再複習」。如果在上課前預習，記憶會上升到約80%，更不易忘記，且在大腦中留存更長時間。

也許有人會好奇，在談做生意的策略時為什麼會突然提到心理學家的遺忘、學習和複習呢？因為與考生相比，艾賓豪斯的遺忘曲線實際上對自營業者來說有著更大的意義。

繼艾賓豪斯之後，有眾多學者發表了許多關於記憶的研究結果。其中之一就是日本腦科學家發表的「記憶喪失曲

線」。簡單來說，就是**我們掌握的資訊會在72小時內幾乎消失80%**。之前詢問各位內褲顏色或飲食菜單也是為了確認這一點。你們店的料理那麼好吃、CP值那麼高，為什麼顧客三餐都不來、整整一週都不來，現在知道祕密是什麼了嗎？因此，我還是要再次大聲強調數十次。

要對交易結束後轉身離去的顧客們反復展示出：

「你做出的是絕對不會後悔的選擇。」

「我們今日也為了顧客如此努力奔波。」

不這麼宣揚可就完蛋了。

既然顧客說好吃，肯定還會來吃個一百次、一千次吧？話絕對不是這樣說的。因為關於你（這間店）的記憶正逐漸被遺忘，所以無論用什麼方法都要抓住顧客的腦。如果完全不知道這一事實或偷懶，那虎視眈眈盯著顧客的競爭對手和菜單，很有可能會取代你的位置。

「只有學會不被遺忘的方法，才能獲勝。」

在蒸蛋上插旗

　　剛開始是為了區分盤子裡的肉而插上小旗子，五花肉、前頸肉、梅花肉、後頸肉……插在一整隻牛的全部位肉盤上。里肌、腰內、橫隔膜、上腰肉、排骨肉……有了小旗子，店家就不需一一說明，方便又很容易區分出不同部位，所以客人很滿意，反應非常熱烈。

　　此後，牙籤在許多地方被廣泛使用。前作《做生意，用戰略》中曾說服過老闆們要將食物抬高四公分。這個做法在韓國各地都得到了很高的評價，也收到許多感謝的問候。

　　現在想超越增高容器的層面，於是開始插旗子。請不要只是端出蒸蛋，你可能以為蒸蛋做起來很簡單，但事實上要像岩石一樣鼓起來並不容易。進入學員們的聊天群組中可以看到各種蒸蛋的技巧，比如打入空氣，也可以調節雞蛋和水的比例。但這樣也才不過 16～18 公分高。

　　有沒有辦法把蒸蛋再增高一點？

　　答案是利用小旗子就可以了。列印出貼紙，將長長的

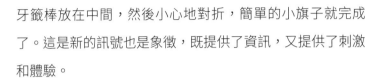

牙籤棒放在中間，然後小心地對折，簡單的小旗子就完成
了。這是新的訊號也是象徵，既提供了資訊，又提供了刺激
和體驗。

　　就算不說也知道，顧客對新的訊號有反應，他們嘰嘰
喳喳聊著天、呵呵笑地拍下照片。你可能會覺得我太執著於
拍照，這裡來說明一下理由吧。照片是紀錄。如果沒有記錄
的價值，人們就不會拿出智慧型手機按下快門。想記錄就是
因為不想忘記，這是想重新拿照片出來看，或想給別人看的
堅定意念，所以非常慎重，相信大家也經歷過。

　　拍還是不拍？消費就是炫耀。只有人類會想要讓別人
知道自己的消費行為並炫耀。GUCCI、CHANEL、PRADA、
LV⋯⋯有人會隨身背著名牌包但卻把標誌擋起來嗎？當然
不可能。提包的時候甚至會有意識地確認標誌的方向，朝向
外面，讓別人能看到。

　　同樣地，只有覺得自己的消費有炫耀的價值，才會拍
照。無論是路邊攤的炒年糕還是高級西餐廳的香檳，我們要
為了創造值得拍攝的價值而盡最大努力。要送免費大醬湯的
話，不要什麼都不做就直接給，而是要寫上感謝的話給來訪
的顧客，插在豆腐或南瓜上再送上桌。在用薄豬肉片捲成的

蛋糕上插上「恭喜」的旗幟，送達桌邊時，就會聽到顧客接連發出「哇～！」、「哇賽！」、「好讚！」、「天啊！」的感嘆聲。

還有，這面旗幟有時候是有主人的，那就是團體聚餐的客人。舉例來說，新韓SOHO小組預約了聚餐，到達餐廳後他們發現餐墊紙上寫有歡迎大駕光臨的訊息，從顧客的立場來看是件讓人樂壞了的事。這還沒完，當他們點了鮪魚生魚片拼盤，魚或蘿蔔絲上插著小旗子。仔細一看，居然是新韓銀行的藍色標誌，更令他們感動到起雞皮疙瘩。

這是另一個訊號，也是同行競爭者不敢想像的特別訊號和刺激。除此之外還有很多。例如為了區分食材在海苔飯捲上插小旗子，或插在水果下酒菜、牛排和壽司等地方。豎起旗子的行為蘊含著深意。不管是什麼刺激，只要靠近心臟、眼睛和大腦，人的反應就會變得強烈。

「剩食將收取5000韓元的清潔費」。

雖然非常討厭這些負面資訊和活動，但是看到插在鐵板炒雞排的地瓜或高麗菜上的「禁止動鏟」，卻讓人覺得既親切又高興。

「禁止動鏟是什麼意思？」

@ 大邱 momoya 壽司的鮪魚（上）；濟州太白山（下）

旗子是新的訊號和象徵，
既是資訊，也是刺激和體驗。
顧客會對新的訊號有反應。
請創造值得炫耀的價值吧。

「我們會完美地炒給你吃的。請放心，不用勞煩客人親自翻面。」

這是員工和顧客之間產生溝通和共鳴的瞬間。在傳達自己想說的話的過程中，旗子也發揮了重要的作用。雖然不論哪裡都一樣，但客人是很重要的。如果在一天的開始得到好能量的話，一整天的工作都會進行得很順利，我們要比任何人都先對來到店裡的顧客表示感謝。因此在聽講的學員中，有一部分的人會向每天來店的第一位客人提供特別服務，當然也不會忘記要插上旗子。

「為今天第一位客人準備的特別餐點。感謝你開啟了本店的早晨。」

好，假設你們面前有二間餐廳。一間在表達感謝的同時贈送沙拉，另一間則單純只送白飯。要選哪一個太明顯了，連問都覺得不好意思。請想想，哪一邊的顧客會更幸福呢？當然是前者。

「這間店讓人心情大好！怎麼會這麼體貼呢？因為是早上的第一位客人，所以送了比任何人都特別的服務，這個想法真的很新穎，讓人非常開心。其他店都只是嘴上說說感謝，但是這間店層次完全不同。一大早就收到意想不到的禮

@ 金海 兩個小夥子辣炒雞排

「禁止動鏟是什麼意思？」
「我們會完美地炒給你吃的。請放心，不用勞煩客人親自翻面。」

物，總覺得今天整天都會有開心的事情發生呢～」

這樣想的顧客自然會再次造訪。

再舉一個例子，雖然用的不是旗子，但卻抓住了顧客的大腦，那就是在韓國慶北慶山經營越南米粉店「the Pho」的張道煥（音譯）代表，每週一他都會使用比旗幟更強大的武器：在商家周邊的汽車放上「維他500飲料」。這個舉動向還沒有來訪過的潛在顧客傳達了令人心情愉悅的訊息。

「希望大家度過充滿活力的一週。越南飲食專賣店the PHO 敬贈。」

這就是答案。

立起來，再立更多起來

消費就是炫耀。想要證明自己比任何人都優越，所以人們才會炫耀自己所擁有的事物。拍照則是因為占有慾，想記住這個瞬間、這個空間、這個氣氛。想證明自己比任何人都先發現了這一瞬間，在征服的意義上留下了照片。

Instagramable 也是這種心理作用的結果。因此我們有必要理解顧客的本能，完成他們想擁有的食物和擺盤。如果客人前往你的店，卻沒拿出智慧型手機或相機怎麼辦？這可是件很嚴重的事。因為這意味著店裡沒有讓他們想記住和擁有的東西，是很丟臉的事情。

如果不是要檢舉，沒有人會拍又髒又不衛生，還不值錢的東西。正是因為知道拍照的行為多麼有意義，才要不斷強調「製作招牌菜色、把餐點立起來、進行物理變化、最大限度地活用顏色」。

這裡我們得先來談談多巴胺。我們都知道心情好的時候會分泌多巴胺，例如性愛、毒品、賽車……等刺激感會使

人上癮。如果多巴胺不足，我們會不分時間地點地渴求它。成為行動餐車代名詞的火花炸物老闆朴必妍（音譯）將所有炸物按顧客的要求陳列擺放；被簡稱為「乙雲工」的乙支路雲工坊代表崔在元（音譯）將本來平鋪散落在盤上的明太魚香絲豎得高高的。聽完課程後，足足擴了七家店面的金正動（音譯）代表把辣炒豬肉立起來到 40 公分高，傳達出讓人興奮的訊號。當顧客見到意想不到的產品，會驚嘆地大叫出聲，把本來認為應該平放的東西立起來，就會讓人不由自主地發出感嘆。

趣味製造了多巴胺，驚人的快樂就是樂趣。再次強調，為了讓人驚訝和快樂，要把餐點立起來。把餐點立起來，使其變得非常靠近心臟、眼睛和大腦。物理距離變短，刺激就會加倍，這是非常重要的一點。向我諮商的所有店家都把餐點立了起來，如果因為物理特性做不到的話，就在巨大的牙籤上貼上貼紙，豎起廣告宣傳詞。

「這是上午 7 點 45 分現宰的橫城韓牛。」

實踐此道的老闆們，他們的努力一定會得到回報。雖然是由前額葉接受新資訊和精彩內容，但枕葉會把店家付出的辛勞視為「勞動力」並給予高分，因此價值也會隨之上

@ 大邱 綠香烤肉

大腦會努力記錄新的訊號。
輕輕擁抱人類討厭吃虧的本能。
「我今天做出了不會後悔的選擇。」

升。接受這種新訊號的大腦會因為想保存這一瞬間而努力記錄下來，至今為止未曾經歷過的新經驗就是這樣來的。

再次強調，**消費就是炫耀**。對炫耀最有幫助就是「新品」。新奇是意想不到的新鮮刺激，刺激會產生反應。而反應非常吸引目光和心靈，當發現前所未有的刺激時，就會感到心滿意足。當然，味道和分量是最基本的。

「我今天做了不會後悔的選擇。」

輕輕地擁抱人類討厭吃虧的本能。如果把想記住的瞬間變成自己的東西，就會分泌多巴胺。這還不算結束。並不是只有自己擁有的時候才會出現，而是將這張照片向他人分享時，也會分泌多巴胺。

哦吼～應該有人察覺到了。拍照的時候一次，分享的時候一次，已經二次了。以貼文為例。在 Facebook 或 Instagram 上傳照片後收到很多「讚」，看到這個會再次分泌出多巴胺，讓人心情愉快地上癮。這就是內容的力量。

一份製作精良的菜單為顧客提供了三次愉快體驗的機會。雖然交易已經結束，但因為做出了正確的選擇，在交易結束以後也能繼續保持良好的狀態。

沒有時間煩惱了。大多數知道這一事實的老闆們，此時此刻也在不斷愈立愈高。當你猶豫片刻，顧客就會被埋沒

在其他誘人的飲食中。把泡菜湯裡的豬肉豎立起來，大醬湯裡的田螺也不要鋪在下面，在上面堆上配菜吧。如果再出現一個意想不到的福利，懷疑就會變成安心。把拌飯的蔬菜也立起來，把炸豬排的捲心菜也立起來吧。為什麼？

「 既然有了內容，也讓顧客分泌多巴胺了，把食物立起來也不會有什麼損失啊！」

馴服懶猴

有一隻懶惰的猴子。

這是因TED演講而出名的提姆・厄本（Tim Urban）所說的故事[QR]，十分發人省思。懶惰的猴子自己也不知道自己很懶惰，因此習慣了無論什麼事情都要拖延。只顧眼前的舒適和快樂，取得本能想要的東西。不知道自己真正該做的事，只是急於追求快感。這傢伙不但不願意做勞累的事，連感受一點不快都不願意。不分善惡，討厭邏輯性思考，就像整天吵著吃奶的嬰兒一樣，連時間觀念都沒有，餓了就哭，吃飽就睡。

提姆・厄本的 TED 演講影片。
在我們的腦中住著一隻懶惰的猴子。

最嚴重的是，牠根本不想計算。也正因如此，牠相當衝動，為了滿足瞬間的需求會不分青紅皂白，用一句話來形容就是暴躁。懶猴有各種各樣的感覺，牠有著視覺、嗅覺、聽覺、觸覺、味覺等超過 20 多種的感覺，所以對刺激非常敏感，刺激牠的話就會突然跳起來。這隻懶猴生活在我們的腦中。

經營名為「韓麵條」連鎖店的老闆傳來一則訊息。他說進駐的百貨公司希望舉行紀念開幕的折扣活動，他與員工討論出的結果有：特定菜單打折、全菜單打折、免費贈送餃子，並詢問其中哪個做法比較好。得要先正確掌握意圖才能回答他的問題。既然已經開幕了，就會想要宣傳一下，既希望能夠有面子，但也並不想吃太大的虧。

再深入一點探討看看吧。這個活動到底是為了誰？為了自己？顧客？百貨公司？答案是三者皆是。那麼，有沒有辦法讓三者都變得幸福呢？如果先賣個關子，住在各位腦中的猴子可能會「生氣」，所以先回答，有。讓有關聯性的三者都幸福的方法是有的，但是這個問題的答案很明確，說服懶惰的猴子是當務之急。我給他的答案如下：

折扣50%！

點一道菜就加贈一道菜

　　也沒忘了叮嚀他說絕對不能改變上下順序，上面的「50%」一定要用紅色粗體字來寫。懶猴對數字的抵抗力很弱。不，嚴格來說，懶猴傾向以得到的數字作為標準，不問也不深究，說打五折地就相信。折扣幅度愈大愈好，若打個不乾不脆的折，還不如不打。

　　執意要寫紅字的理由：懶猴喜歡紅色，特別是打折時感動會倍增。紅字的英語是red letter，韓文中的漢字音是赤字，漢字是紅字，日語也是赤字（あかじ）。對，就是這個赤字！

　　這是自營業者，不，是全世界商人最討厭的一個單字，就是「損失」之意。赤字一詞的日文源自於支出多於收入而產生的虧損額，會在記帳時用紅色的字填寫。

　　猴子看到用紅字寫的折扣金額，急忙判斷主人會蒙受損失，認為用紅色寫下10～20%左右的折扣就是謊言。相反地，如果數字上升到50%以上，如70、80、90%，懶猴就會無法抑制衝動，產生想不顧一切衝去買下的想法。

　　看到夾在報紙之間的清倉特賣、結束營業特價、跳樓

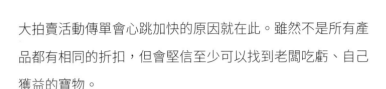

大拍賣活動傳單會心跳加快的原因就在此。雖然不是所有產品都有相同的折扣，但會堅信至少可以找到老闆吃虧、自己獲益的寶物。

猴子在看到「50%」這個詞的瞬間，會在腦海裡斬釘截鐵地說：「整體的折扣率是50%」。顧客如此認為，百貨公司和店主也能帶著笑容的理由就在這裡。打折的條件是這樣的，只有先選擇一個品項，才能享受加點品項的優惠。

為了方便計算，先假定一碗麵的價格為1萬韓元吧。顧客支付1萬5000韓元，領取二碗麵。那麼每碗的單價呢？最終折扣率為25%，而不是50%。其中並沒有騙術，只有到最後都不仔細計算的猴子會感到委屈。

但是猴子會覺得很委屈嗎？不會。不管是翻車還是摔倒，總之猴子都得到折扣了。對付這隻猴子的店主設法讓猴子感到高興，只是運用了實際上少給、但看起來多給的技巧而已。

這裡還可以再加上一個高級技巧，那就是根據訂單量，讓外帶也適用折扣。我想要再大聲強調個數百次，這是「不買也沒關係，但卻讓人無論如何都忍不住購買」的技巧，是完全可以額外多加30分的高超技巧。

只要是免費的，猴子就連鹼液都肯喝，50%的折扣讓

牠眼花撩亂。若想確認這件事究竟是不是真的，現在馬上就去百貨公司的地下街看看吧。在那裡，教育程度高低、財產多寡都沒有意義，你會看到人們對三個 1 萬韓元（新臺幣約 240 元）、半價折扣的「本能」反應。

話說回來，顧客和類人猿就算了，百貨公司本身又如何呢？在百貨公司享受 50% 折扣優惠的猴子絕對不會善罷甘休。他們會傾注全部心力透過 Kakao talk、Instagram、Facebook 宣傳，證明了消費就是炫耀。這樣一來，百貨公司麵食區的銷售額自然會上升，對百貨公司的整體收益也有所幫助。

不要忘記，以後我們還會多次呼叫懶惰的猴子，在面對牠時，即使什麼都忘了也要記得下面這段話：想誘惑擁有 20 多種感覺的猴子，方法在於刺激和數字。如果什麼都撩撥不到他，你就無法成為猴子的朋友或愛人。

刺激再刺激，只有這樣才能引起反應。

不多不少，就加一

「加一」策略有如核子武器般強大。這個策略的目標是打破既定的交換價值，交換價值的成見常在無意中占據我們腦袋的一席之地。人的交易行為很單純，如果比之前所知道的價值高或低，就會開始關注。因為知道平均售價，所以情緒才會動搖。

「珍島毛皮打五折！」

看到這句話會跳上計程車的人不多。但是如果修改數字，情況就會產生變化。

「珍島毛皮打**九折**！」

人們就會因這個數字動搖了。想著有可能可以撈到什麼寶吧，而動身採取行動。也就是說，如果能夠獲得比支付金額更大的價值，人們就會變得興致勃勃。

「嫂子！聽說毛皮打九折欸～！」

「真假！等等店裡見吧～」

好東西要分享，所以要注意二件事。比別人更值錢、讓人想要宣傳自己做出了明智的消費。因此我的提議是「加一」（Plus One）。但是這裡所說的「加一」並不僅指價格上的優惠，而是在提供的服務上多加一種服務，這是細膩的差異化策略。雖然無法每天都提供像一折毛皮之類的折扣，但如果動搖了大多數顧客在腦海中輸入的既定價格和價值，身為老闆的你就能笑得出來。

把顧客的外套包在一次性洗衣店塑膠袋中、在烤肉店放置拖鞋等，如果你只把這些認為是讓人翻白眼的蠢點子，那就大錯特錯了，這是經過縝密計算的策略。因為受到強烈衝擊的顧客會在沒有受到衝擊的店裡感到失望。失望程度有多少？足足2～2.5倍！！！

「上次那間五花肉店還送奶薊*的說……」

「今天穿的西裝很貴，能不能用塑膠袋包一下啊……」

「腳趾好腫，真的不想去聚餐了……」

如果不能理解潛在顧客的苦衷、需求和願望的話，就算死上一百次再復活也救不了。

所以請不要忘記，不多不少，加一剛剛好。

有支影片我會在上課時快速讓學員看過，這支影片本來的目的是創造需要。影片內容如下：看到爸爸把廁所

馬桶蓋拆下來當砧板用，媽媽和女兒嚇得大叫出來。之後畫面立即出現「馬桶蓋比砧板更衛生」的字幕，接著漢森（Hanssem）新開發的砧板殺菌器登場。這是支只有15秒的影片，在課堂上敏銳觀察到這點的一名學員在自己的店裡實行了加一——使用了砧板自動殺菌器。

當然，從接觸資訊到實際執行，他也曾多次懷疑。雖然看起來厲害是厲害，但如果在店裡使用這臺機器，不僅花費十分昂貴，員工們也可能會反對，如果反對聲愈來愈大，肯定會產生矛盾，而且如果故障了該怎麼辦？不，還有比這些擔憂更麻煩的，該怎麼宣傳自己正在使用這種砧板呢？宣傳又會消耗很多精力。

嘗試必然伴隨著矛盾。在我們的大腦中，現有的系統和新引進的系統之間發生衝突，從而引發矛盾。因此，再好的想法也很容易被這種矛盾所掩蓋。

幾天後，Facebook上出現了一支非常不錯的影片。裡面呈現了店家使用最新型殺菌砧板，對剪刀和刀子殺菌的樣子。看完後有種起雞皮疙瘩、難以用言語表達的感覺。做就對了，不嘗試的話絕對無法明白這樣的喜悅。這位學員克服

---

*又名水飛薊，一種食材和中藥材。

矛盾，大膽地實踐，我對他的挑戰報以熱烈的掌聲。然後我像傳道士一樣，自發地帶著這些內容去宣教，這是為了紀念他為自己裝備了競爭對手們無法想像的厲害武器。

要實行並不是件容易的事，因為大腦中的猴子對一切都感到厭煩，會妨礙和阻止自己。生活在各位和顧客腦海中的這隻懶猴，用一般的刺激是絕對無法改變的。但牠的弱點的就是加一。不多不少，只要多一個，牠就會願意拉椅子坐下。如果你也認為加一是抓住顧客心的必殺技，就立刻把黏在椅子上屁股抬起來，開始行動吧！

「這個世界上有二種餐廳。在殺菌砧板上做料理的餐廳，以及在用抹布擦拭的砧板上做料理的餐廳。」

即使服務和菜單相同，只要一個衛生的殺菌砧板，就可以在策略上做出差異化。

象形圖就是答案

　　只是說出自己的想法，是無法開始交流的。為了讓對方容易理解並產生好感，必須將好的想法和主張包裝起來，而且要用簡單的方式說明。這就是為什麼我在課程中提出象形圖（Pictogram）作業的原因。

　　有80%左右的人交出了作業，剩下的20%找不到感覺或猶豫不決，最終錯過了時機。那麼，象形圖到底是什麼呢？字典中是這樣說明的：

> Pictogram，將事物、設施、行為、概念等用象徵化的圖文（pictograph）表現出來，讓非特定多數人快速、容易產生共鳴的象徵性文字。

　　象形圖又被稱為是「世界上最簡單的語言」，在全球各地都看得到，並深植於大腦。最常用的地方可能是廁所，用極簡單的方式描繪出的圖，讓人們不會搞混男性和女性廁

所。因為看的人沒有必要考慮那是什麼意思，所以腦能量消耗較少。當各位走在路上看到寫有「24」的大字，花不到一秒就能瞭解這個數字所包含的意義。

「24小時營業」

象形圖不僅只包含允許的意義，在表示禁止時，也是極為令人感謝的好夥伴。如果要一一說明禁止吸菸、不能帶寵物狗進來、有什麼不可以做的話，既浪費時間，也可能會與顧客產生不必要的糾紛。請想像一下，某位顧客正想帶著視如己出的寵物狗「漢默」進入馬鈴薯排骨湯店，店員卻擺手阻止。雖然能理解店內的原則，但稍有不慎就會惡化為情緒上的對立。「這間店到底有什麼問題，為什麼不讓我帶我的孩子進去？」

但只要門口貼上一張象形圖，客人就會二話不說地離開。因為店家已經透過象形圖公開想傳達的訊息了！店家已經明確表示不行了，顧客卻硬要表達自己的情緒的話，可能會被公然當成笨蛋。擁有如此高CP值和高效率的語言，就是象形圖。

那麼，如何使用才能發揮最大的效果呢？

@ 大邱 綠香烤肉

在介紹、說明、描述形象方面，沒有比這更好用的了。
因為看的人不必苦惱那是什麼意思，腦部能量耗損也低。

　　首先，尋找積極的魅力點。

　　各位，請在店裡找找想向顧客炫耀的九件事吧。雖然
什麼都可以，但希望盡可能是對顧客利益有幫助的服務，最
好優先考慮可以直接賺到錢的資訊，大膽地貼在門口。可以
稍微吹噓一下自己是全國第一，並告訴顧客你們還有停車
場，不需要花錢停車；每天下午2點換油，傳達比起任何地

方，自家的店更能吃到健康炸雞的訊息；準備一次性牙膏和牙刷，留下照顧顧客牙齒的好印象，並在累積積分和里程後幫客人計算得到的好處；強調用高級美式咖啡代替自動販賣機咖啡，僅提供給有用餐的顧客以半價外帶店內料理的超級服務等等。

顧客很容易認真對待象形圖。如果覺得顧客在門口停留的時間太短，可以列印成防水貼紙，貼在每張桌子上。行銷不是強人所難，只有顧客親身感受到，才會做出反應，而只有顧客做出反應，才能提高再訪頻率。與顧客的溝通愈簡單明瞭，就愈有效。

明明不會給，只是嘴上說說的口頭優惠（Lip Service），例如累積積分就送顧客出國旅行、參加活動就送24K黃金十錢、只邀請VIP顧客舉行年末派對等，顧客們因為這些可能性微乎其微的優惠而疲憊不堪，逐漸變得像計算機一樣。

@ 大邱 小白山

與顧客的溝通愈簡單明瞭就愈有效。

各位，請在店裡找找想向顧客炫耀的九件事吧。

好，那如果我連專屬設計師都沒有，該從哪裡開始好呢？請進入下面介紹的網站。這些網站可以免費下載並使用象形圖。用 Google 搜尋仔細查找，就會感謝有這麼多圖能夠說明自己的生意優點和事業哲學。

可以有數萬個組合，沒有表達不了的內容。尋找九張能讓自己的店變得更棒的圖，下載最容易理解內容的圖片，在這之上加入適當的資訊，完成屬於各位的象形圖吧。你一

找出適合的象形圖來運用吧

http://iconmonstr.com
可以在網頁上編輯 2630 個 icon 的大小和顏色，並存成 PNG 檔的 icon monster。

http://thenounproject.com
搜尋想要的 icon 後下載。只要選擇 Attribution 就可以免費下載。

http://www.flaticon.com
免費下載 526 個組合包，33 種類別的 icon。可儲存為 PNG、SVG、EPS、PSD 等多種格式。

http://www.pinterest.com/StephaneSommer/icons
有大量的即時資料上傳，可以看到全世界的最新趨勢。

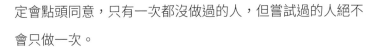

定會點頭同意，只有一次都沒做過的人，但嘗試過的人絕不會只做一次。

　　但是，如果把象形圖做得全都是用來教導顧客的內容，那就是傻瓜了。「請不要做什麼」、「為了安全一定要這樣做」，會讓顧客覺得很討人厭。

　　再次強調，決定象形圖時，只選擇讓顧客覺得優惠的內容，這樣才會有價值。不然你就死定了。

3 尋找屬於自己的首創
引領和差異化

不要安於現狀，要重新定義

「如果真的想成為最好的，就要重新定義世界、品牌、菜單！重新制定規則。」

這是過去四年裡提及最多的課程內容。

「不隨便的蕎麥涼麵」是高基里蕎麥涼麵的口號。原本蕎麥涼麵（막국수）是指將煮熟的蕎麥磨碎後揉製而成的麵條。數十年來，韓國人們吃的、賣的一直都是這樣的蕎麥涼麵。但是有位靈機一動的店主為蕎麥涼麵下了全新定義，她非常清楚如何為自己的食物帶來價值，將蕎麥涼麵重新定義為屬於她的顏色和想法。

她所想出的「不隨便的蕎麥涼麵」，雖然沒有放棄「蕎麥涼麵」這個詞，但卻表現出與一直以來的蕎麥涼麵截然不同的想法。重新定義是體現自己想法的最強烈內容。

還有另一位讓人吃驚的天才。湯飯是指放入上好的肉，再倒入用心熬煮的湯底的料理，但這位天才推翻了一般人喜歡的湯飯，並明目張膽地說：

「百碗（品牌名：백그릇）不是湯飯，是補藥。」

這是目前在韓國大田地區最紅的餐廳，是文鎮賢（音譯）代表的近期作品。這位老闆每次來上課都讓我大吃一驚，他完全理解課程中最困難的重新定義階段，並製作出翻版。在湯飯上注入補藥的價值，甩開同類別的競爭者，堂堂正正地攻占湯飯市場的領土。

說到這裡，就會想起一句廣告詞。

「床不是家具，是科學。」

雖然現在已不再使用這句廣告詞，但過去ACE名床用這一句廣告詞征服了整個韓國，在全體國民的腦海中烙下了印記。明明是家具，卻跳脫了該類別，說自己不是家具。比其他任何一張床都更具人體工學和科學性，把床的價值提高了不止一階，甚至是十階。這就是重新定義。

如果有人想推出自助海苔飯捲，就不能停留在只是看起來漂亮、只是吃好玩的層面，應該要重新定義：

「這不是海苔飯捲，這是韓食綜合禮盒。」

啊哈～！嗚呼～！想要掌握類別，想要獨吞市場，就需要新的定義啊！希望看到這會有許多人拍膝蓋頓悟。為了賣東西，必須與眾不同，為了與眾不同，不能對各種事物一

視同仁。用自己的觀點重新定義是最重要的。

　　重新定義是從否定開始的。放話說我的東西是不能用現有的規則或定義來解釋，讓誰都不敢貿然挑戰。然後充滿自信地推出產品，與現有的陳舊定義劃清界限，並加入你的卓越想法，在市場內鞏固你的領域。

　　如果還不懂的話，請跟著我一起閱讀以下幾行字。

不是麵條。　　　　不是湯。

不是餃子。　　　　不是豬腳。

不是飯。　　　　　不是酒。

不是餐廳。

那是什麼？

答案應該已經在各位的腦中開始發酵了。

全國第一的訣竅

我收到了無數的演講邀請，也在很多地方講過課。從委託的立場來看，提高公司銷售額是第一個目的，透過教育為員工或加盟店主帶來動機和刺激，第二個理由是想知道國內外的趨勢。在進入連鎖店總公司委託的講座會場後，我會先仔細端詳場內，然後毫不留情地提出問題。

「不好意思，請問哪位是全國第一？」

這是已事先預測過聽眾反應才提出的問題。在鬧哄哄的時候，如果眾人的視線開始集中，讀懂氣氛的當事人就會害羞地舉起手，然後馬上放下。不管到哪裡都差不多。如果能更理直氣壯、乾脆地舉起手來就更好了⋯⋯。

問成績是有理由的。同樣的商品在同一系統內銷售，也一定會分為第1名和第100名。真有趣，雖然接受同一間總公司的管理和支援，但各加盟店的成績卻截然不同。

這麼說的話，有人會反問：「根據商圈不同、店面坪數不同，條件也不盡相同吧？」對成績感到委屈的人通常會進

行這樣的反駁。說得沒錯，但是這裡提到的第 1 名和第 100 名，是指無論誰看了都不得不承認的成績優秀者和與之相反的二類人。

讓我們回到創業初期看看吧？透過加盟博覽會或網路上獲得的資訊，人們經常會陷入一個月可以賺一千萬韓元的誘惑。退休金加上銀行貸款開店後，在前三、四個月的「開幕熱潮」能取得好成績，但之後來客就會漸漸變少。與總公司老闆或主管交談時，他們大多都同意這情況。

「（老闆）剛開始真的很努力。客人有變多，員工們也總是很開朗，那生意當然會好。但是不知從什麼時候開始，老闆就不待在店裡了。有很多人會想本來不就是應該這樣賺錢的嗎？但成績不是自然而然就得來的。所以奇怪的是，老闆不在店裡的時間愈長，銷售額下降幅度就愈大，二者是成正比的。」

我絲毫沒有想要幫總公司撐腰辯解的意思，只是想表示，在查明問題所在的過程中，得到出乎我們意料的結論。成績不是自動產生的，而是經過縝密製作的。賣了這麼久的關子，現在該送份禮物給各位了。

下面這個訣竅本來只傳授給在現場聽課的人，但現在

卻像流行一樣蔓延開來了，令人心情真好。這個訣竅就是蒸汽吸塵器。進入餐廳愉快地點完餐後，服務生就會送上湯。看到乾淨得發光的桌子時大家都很期待，結果點火時一打開開關的蓋子，發現積了許多辣椒粉和灰塵等。這是靠近第100名的選手們的故事，只收拾看得見的地方。「難道顧客連這個都能看出來嗎？」以自己的標準來評斷，即使服務好壞不是由員工判斷的，但到此為止還算好。負責旁邊桌子的外場員工在收拾桌子後，沒有把手擦乾淨，就用那隻手遞出水瓶，並把食物放在我們桌上。簡直要瘋了。雖然想衝出餐廳，但是不想被當成難搞的奧客，所以乾脆閉上眼不看。

　　負責管理的品牌在考慮如何解決這個問題時，想出來的就是蒸汽吸塵器。非常有品味。每當有人問「一到吃飯時間就有二、三百人蜂擁而來，這麼麻煩要怎麼使用呢？」這個問題我實在不想回答。提前做不就好了嗎！這並不一定只適用於餐廳。到目前為止，透過課堂有各式各樣的人實際感受到這種方法的效果。有汽車工業公司的老闆，也有動物醫院院長，還有牙醫醫院院長。以身為「牙醫們的老師」而聞名的今日牙科醫院院長金錫範（音譯），在聽課後立即在醫院引進了蒸汽吸塵器，我聽說好評如潮。

請想想，連在家裡用也嫌麻煩的蒸汽吸塵器，現在要用在牙醫醫院嗎？十有八九會拍膝蓋頓悟。沒錯，就是牙醫的漱口檯！包括在治療過程中用來吐掉漱口液的部分在內，各處都用蒸汽進行清洗。這是應該要受到稱讚的事，請盡量告訴顧客吧，不然就會陷入知識的詛咒，「只要我有把事做好就行了、只要我努力就行了，這樣就會有口碑了」。但是對於「偏執狂搜尋家」們來說，這是行不通的。因此必須要認真拍攝打掃衛生的樣子，每天上傳到社群媒體上。

只有自己知道是沒用的，得要像病毒一樣擴散，努力的價值才會得到認同。也可以將打掃的樣子拍成照片後印出來，護貝貼在店面入口處。像這樣一寫就更加分：

「這世上有二種餐廳。用蒸汽吸塵器殺菌的店，還有用抹布擦拭的店。」

這是非常驚人的差異化策略，暗示除了我們家以外，其他店家都還在用抹布。這才是做出差異的第 1 名策略，無法想像到這點的細節毀滅者則是第 100 名。而第 1 名即使打掃桌子，也絕不馬虎。

這也能與最近蔚為話題的淨食（clean eating，或譯作「乾淨飲食」）趨勢相呼應，豈不是件令人高興的事嗎？為了顧客的健康著想，也為自己的品牌形象著想，展現出店

主深思熟慮後做出的判斷，並決定了能否帶給自己和所有顧客幸福。眼尖的顧客很快就能看出來，所以差距才會進一步拉大。

點頭認同上述內容的人，馬上搜尋並訂購吸塵器吧，可以感受到之前積累的汙垢一下子被洗刷掉的快感。

顧客傳來的充滿欣慰的好感是附加的。

我們正活在一個打掃也能成為內容的世界。

尋找創始

雙重技術＋數字＋擺盤

「顧客不會認可第二名。」

「不管是什麼，都要找出我們自己的第一。」

「如果是首創，很容易拿下第一。」

理由如下。如果做出不常見的商品或服務，就會長久地留在顧客的記憶中。一方面是因為人類追求新鮮的本能，另一方面也是因為「後悔」。如果做出後悔的選擇，消耗的熱量就會劇增。因為他們無法放棄執著，所以很難做出選擇。

我們自營業者沒有權利讓顧客後悔。只有在顧客選擇我的品牌和產品，並感到實惠滿足時，交易才能持續下去。許多人追求首創的理由是無庸置疑的，要為顧客節省思考「這家好吃嗎，還是難吃？花多少錢就會得到多少滿足嗎？還是無法？」時需花費的腦部能量。能長時間穩坐王位，就證明了許多消費者都很滿意。

好，那我們也要成為元祖（創始）嗎？

@ 大邱 回城閣河豚炸醬麵

在炸醬麵上放炸河豚，就會成為一個大事件。
透過不同品項間的結合，製造首創產品的技術，
這就是雙重技術。

雙重技術＋數字＋擺盤

　　想法會再產生想法。上述單字的組合可以創造出另一種原創，這是獲得類別第一名的最簡單方法。

雙重技術（Double Tech）

「人類喜歡雙重技術。」

　　比起一種，更喜歡二種；比起二種，更喜歡三種技術。即使買一個鍋子，比起單層鍋，人們更會選擇雙層鍋；買刮鬍刀時，比起單刃，會選擇雙刃；要有效抵達腸道的益生菌也是，比起單層膜也是更喜歡雙層膜；動整型手術時，比起普通的拉提，雙重提拉更受歡迎。甚至連眼皮也是為了達到雙重，而更加喜歡雙眼皮不是嗎！

　　迄今為止，幾乎所有周圍事物都引進了雙重技術。因為人們相信，該產品來到我的身邊，能使我的日常生活擁有雙倍幸福。如果所有人都是雙重、雙重的話，那我們就要再創造一個技術專利，開發出三重。然後大聲做廣告：競爭者都是雙重，只有我們是三重！關鍵點在於「plus」。再增加一個，做得像新產品一樣，這就是技巧所在。

起司＋拉麵

生魚片＋冷麵

黑＋豆腐

火＋歡熱

牛胸肉＋筋麵

各位也來為菜單加一吧。但如果加上比主角價值低的東西，反而會有反效果。看上面的範例應該很清楚，

需要添加的單品價值＞各位的主打菜品

這樣才能奏效。好不容易動員了雙重技術，如果一敗塗地那可就冤枉了。

數字（Number）

「人類在數字方面比較弱。」

說服顧客並讓他們轉念最有力的武器就是數字。全世界都大同小異，只要看到數學好的人就會發出「哇嗚」的感嘆。而這個數字愈大、愈細節，力量就愈大。

3分鐘咖哩

7分鐘泡菜鍋

60年傳統平壤冷麵

600g燉排骨

1000隻炸蝦

每天凌晨4點半煮的肉湯

用7小時內碾好的白米做的飯

這不是閒閒沒事想裝模作樣才用上數字的，是因為數字會為大腦定下基準點。如果是普通咖哩、普通泡菜湯、香辣燉排骨、濃郁高湯、用最好的白米做的飯……餐點的形象並不清晰，只能在腦中大致想起二張模糊的照片，沒有準確而鋒利的輪廓。

但如果說「只用7小時內碾好的米煮飯」，就會聯想到句子中的形象和動作，這是一種可以誘導符號作為象徵的高級技術。天哪！在家裡可做不到這個程度，這家餐廳的飯到底該有多好吃啊？一口氣吸引顧客的好奇心和期待，那麼我就是第一人也是始祖，還有哪家餐廳能戰勝這裡？數字。答案就在數字裡。各位，請像抓蝨子一樣抓出構成品牌的東西，並用數字賦予意義吧。

擺盤（Plating）

「人類難以抵抗容器。」

看到店家把食物放在簡陋的碗裡時，顧客會發出噗嗤的笑聲。食材的新鮮度、處理和烹飪過程的努力絕對不會被計算在內。相反地，雖然只是普通的食物，但裝進漂亮的碗裡後，人們就會發出「哦嗚～！」的感嘆。

一般的大眾餐廳要更換碗盤和裝飾並非易事，不知為何總覺得需要專家的幫助，費用也不容小覷，所以總是猶豫不決。但餐飲業的歷史總被碗筷和裝飾所改變，例如，把美耐皿餐具換成瓷器、白瓷換成方字鍮器（방짜유기，韓國傳統青銅器物，為高級餐具），顧客就會願意支付比菜單上標示的金額更高的數字。不僅僅是重量，顏色、大小和形狀也會產生很大的影響。

在彙集了全韓國麵條的「韓麵條」店裡，顧客會被碗的大小震懾，碗大到連像我臉這樣大的人也能把整張臉放進去。如果這個碗只是普通麵店的尺寸，顧客會認可它的價值，每天排隊嗎？不可能。

高級西餐廳的碗都又大又重，都是有原因的。假設一人用餐要價超過十萬韓元（新臺幣約 2400 元）的餐桌上，

@ 光州節氣飯桌

「只使用 7 小時內碾好的米煮飯。」
這樣還有哪間餐廳能戰勝這裡呢？
答案就在數字裡。

出現了拳頭大小、輕便的不鏽鋼碗，你可能會氣到檢舉那家餐廳吧。

徹底改變米線趨勢的「Emoi」就是一個很好的例子。這間店自信地丟掉了完全無法判斷是哪個品牌的白色四角麵碗，新的容器雖然不知道具體來自哪個國家、哪個地區，但不知為何帶有「越南感」的顏色和圖案吸引了顧客。餐點的味道固然好，但因為碗、杯子、水壺、醬汁容器，成功擄獲了女性顧客的心，這就是顏色給人的味道。

並不是說一定要使用五顏六色的器皿，只是建議最好與至今為止普遍使用的形狀和顏色劃清界限。泡麵碗、刀削麵碗、白飯碗、湯匙和筷子……想換多少就換多少。

最後，如果要更換食器有困難，只要改變擺盤方式，就足以創造出元祖或創始。把湯裡的肉撈出來吧，那麼配菜就會變成白切肉了。再把肉放在盤子裡，在湯碗上蓋上蓋子。顧客一看到堆疊的碟子和碗盤就會拿出智慧型手機，然後張嘴大喊「哇！」這樣就行了。

請去尋找只有自己能做到的創始吧，並積極宣傳這件事，拿下第一。

只有我能給的禮物
照顧＋指導＋策展

「請隨身攜帶油性筆，寫在手掌上，掉了就重寫、被擦掉了就再重寫。CARE、COACH、CURATION！」

上課時只要一說這句話，全場就會大笑。但是這裡面包含了所有商業的DNA。

生意就是戀愛。只要不放棄這個精神，成功就是你的。戀愛不能變得無聊，不能背叛，要始終不變地相愛，才能結出果實，這是永垂不朽的法則。請大家回想一下戀愛時的記憶吧。

小心翼翼地照顧對方的缺點，互相指導，讓對方成為不錯的戀人，想把這世上的好東西都收集起來給對方……這種感情就是戀愛。商業世界也大同小異。

韓國這片土地上有著數以千計的連鎖店、數萬個品牌、數十萬個餐飲業相關資訊，以及數百萬個自營業者，展開了無限競爭。但由於彼此半斤八兩、都差不多，所以被顧

客遺忘了。因此需要某種強烈的一擊。

讓顧客在被擊中時也能露出欣慰的笑容、縝密而徹底的體貼。如果太過相似就無法受到關注，所以無論各位如何強調好吃、我很優秀，都無法引起顧客的注意，因為沒有強烈的一擊。

那麼，現在開始聊聊關於照顧（care）、指導（coach）、策展（curation）的內容吧！在全世界專家提出的眾多創意中，我選出了最適合當今現實的單字。

首先是照顧。我們不能只照顧頭髮、頭皮和腹部贅肉，還要照顧顧客。顧客是人，人類雖然強大到無法想像的程度，但在消費和購買面前卻非常脆弱。所以體貼、照顧、小心、注意、擔心、顧慮他們的話，他們就會安心並依靠，變成自己陣營的人。

照顧這樣的顧客必須要有劇本。偶爾會有人把照顧當作「服務手冊」中記載的內容般看輕，這是非常危險的想法。服務手冊概括了所有顧客，明明出生的地方各不相同、活過的人生迥異、收入差異也大，但卻將他們一視同仁地進行「顧客管理」。

再說得更清楚一點，顧客不是管理的對象。也就是

說，顧客不是隨我所欲、如我所想地就能控制行動的對象。如果只用一種服務手冊將顧客等同視之，必然會出現漏洞。如果不是工作了幾十年的老手，很難填補這個漏洞。手冊是員工指南，絕對不是顧客指南。幾乎所有將顧客一視同仁的品牌都早已消失。

因此我們需要那些讓競爭者想都想不到的細緻照護，讓顧客從頭到腳都發出「哇～」的讚嘆聲。在課堂上我會介紹各種案例，然後要求學員實行。這並不是單純地想提高銷售額或幾塊錢，目的在於徹底站在顧客的立場，瞭解他們想要的是什麼，哪種程度的強度會讓他們感動，感動到想到處宣傳自己受到的盛情對待。

如果在顧客購買時接觸到的所有空間、設施、器材、結構、服務等幾乎所有部分，都下定決心「再多做10%」，那麼你與競爭者的差距將拉大到無法想像的地步。

稍微展示一下我們的照顧給各位看：為需要用力才能打開和關上的門塗油潤滑，如果還有餘力就換成自動門（實際上，楊平的有力章魚店在裝了自動門後，銷售額上升了50%以上）；椅子高度調整到78公分；根據季節和菜單的不同，設置燈光調節器，調整碗和食物的配色；筷子長度和寬度配合食物調整（這是幾乎沒有人在做的細節。雖然會

認為只要外表好看就可以，但其實同樣的餐具使用20分鐘左右，手上感受到的疲勞度差異真的很大）；開水最好保持12度的溫度；把讓人感覺不到美味的不鏽鋼雙層容器收到倉庫；為了防止大廳的噪音，在天花板貼上吸音壁紙；在顧客眼前讓他們確認肉的重量；如果穿皮鞋或高跟鞋的客人常造訪，可以準備一次性拖鞋；並準備LG Styler蒸氣電子衣櫥，除去籠罩在顧客身上的灰塵和雜味。如果誰都沒想到的照顧已經在我們社會各處進行，你會不會起雞皮疙瘩呢？

第二是指導，這是最需要慎重對待的關鍵字。不要想著要教顧客，這會讓他們感到不快，區區一間店居然敢指手畫腳。所以不要教導（teach），應該要指導（coach）才對。要指導什麼？突然接到這樣的提議，想必會感到很茫然，但是請簡單想想，身為老闆的我自己很清楚內容，但是顧客瞭解得比我少，只要接受指導的話，哪怕只有1%，人生也會更幸福。

Ebadom馬鈴薯排骨湯在支付了昂貴租金的店裡準備了巨大的遊樂室，大受歡迎。就算是皇帝也很難阻止品牌老化，雖然品牌自己會變老，但也會因為後起之秀而看起來相對老化，所以要透過照顧和指導，恢復當初的商業哲學。在

替加盟店主上課時，我提出了這樣的想法。

「說故事阿姨如何？就是請人陪伴孩子們閱讀。全國有很多優秀的閱讀指導師，請他們來，在週六和週日孩子們高密度出現的時間，邀請老師來說故事，並訓練孩子們對閱讀感興趣。三個小時就好，媽媽們最累的就是唸書給孩子們聽。」

幾週後，我從Kakao talk收到了一張照片，照片裡是說故事給孩子們聽的老師，和眼睛閃閃發光的孩子們。父母們用智慧型手機的相機記錄了當時的情景。

那天以後，「我吃飽了」的問候變成了「唸書的老師什麼時候再來？」如果想教導顧客，他們馬上就會反彈，但如果在旁邊安靜地幫忙指導，他們自己就會起心動念。其實指導裡還隱藏著一個祕密，那就是成癮。招待和照顧可能是一次性的，但指導卻不同，有著讓人還想再來的魅力。

如果與麵包、葡萄酒和咖啡品牌簽下管理合約，我最先制定劇本的就是學校（School）或學院（Academy）。麵包學院、葡萄酒學院、咖啡學校、麵條學校等，不是單方面注入知識，而是分享你所知道的訣竅，引進指導，讓顧客更加幸福一點。當「不好意思～」、「大叔～」等稱呼改為「老師」時，你會得到超出期待的回饋。

最後是策展。顧名思義,就像美術館策展人一樣,收集全國各地的好材料和服務,介紹給顧客。

水菜、空心菜、大黃、印加蘿蔔、馬鞭草、皇宮菜、辣木、苧麻、麻薏、甜菊、莧菜籽、土圝兒(Apios)、夜來香、豆薯、蘘荷、東當歸、佛手瓜、聚合草、洋麻、家獨行菜、刺果番荔枝、蔓越莓、米飯花、神祕果、沙棘果、枇杷、泡泡果、接骨木莓、荔枝、蓮霧、歐李⋯⋯

可能是因為以前沒鑽研過食材,所以發現能添加到自己的料理中製作新品項的食材實在多得不得了。如果像美術館的作品說明一樣,在菜單或餐墊紙寫上說明,顧客的滿意度會更高。沒錯,就是這樣。

現在各位吃的食物不是用普通的食材做的,而是每週翻遍全國 1000 公里、2000 公里找出的寶物。我是食材策展人,只為了你策展。

改變想法才能改變態度,改變態度才能改變習慣,改變習慣才能改變生活。

改變料理名稱，單價就會上漲

　　我經常上介紹書籍的電視節目，大部分都是與飲食相關的內容，食品專欄作家的書或與飲食相關的圖書出版時會更加頻繁。

　　有一天，國會廣播的《TV，去圖書館》節目打電話來邀請我參加談論任韶堂（Dan Jurafsky）《餐桌上的語言學家》（*The Language of Food : A Linguist Reads the Menu*）的節目。因為是很有趣的書，所以馬上答應了。任韶堂既是語言學家，又是電腦工程師，他在心理學、社會學、行為經濟學等多個領域進行研究，被稱為這些領域的天才，並獲得了NSF獎（NSF Career Award，美國國家科學基金會傑出青年教授獎，為授予科學和工學領域教授的權威獎項）、麥克阿瑟獎（又被稱為「天才獎」）等獎項。何其幸運能夠透過書籍《餐桌上的語言學家》窺見超過七萬人聽講的史丹佛大學代表性講座。

「為什麼高級餐廳的菜單和評論中經常出現性隱喻呢？」

「哈根達斯（Haagen-Dazs）隱藏著什麼樣的音韻學行銷手法呢？」

「為什麼法國的開胃菜『entrée』在美國是主食呢？」

「曾經是中國食物的番茄醬變成美國的國民醬料，原因是什麼呢？」

他在書中回答了無數問題，其中我最關注的就是「為什麼菜單上寫的字愈長，食物價格就愈貴？」的內容。

他使用計量語言學（Quantitative Linguistics）工具進行了廣泛的研究，例如數據化古代食譜、一萬種一百年前的菜單、6500 種現代菜單、65 萬種菜餚的種類、一百萬則美食名店的評論等，他發現，菜單上寫的詞彙愈長，食物的價格就愈貴。他透過多種飲食的語言，對蘊含在菜單內的餐廳經營策略、人類的進化、心理、行動等進行了解讀，給出了隱祕的提示。

「在牧場、農夫等修飾菜單的詞彙中，一個字的價值約為 18 美分。」

我在這個點上驚呆了。我在前作《做生意，用戰略》中強調的內容，就是找出創造價值的單字，而這居然可以換算成價格！我驚訝地闔不上嘴巴。18 美分的價值約為 194

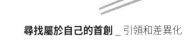

韓元（新臺幣約5元）。194韓元啊……所以自家菜單的一個字就價值這個程度吧？也就是說，顧客願意說服自己的大腦來支付這些金額。如果感到好奇，我們先寫下來試試看吧。

泡菜湯 V.S. **豬肉**泡菜湯

泡菜湯裡通常都會放豬肉。大部分人會想說不就是個泡菜湯，難道還要期待什麼嗎？但要超越這個很容易。世界級著名學者已經提供了祕訣，如果置之不理就是傻瓜了。寫下來一看，還挺有那麼一回事的。顯然，比起「泡菜湯」，「豬肉泡菜湯」看起來更有價值。

壓軸好戲是價格。如果一人份的泡菜湯定價為7千韓元，那麼豬肉泡菜湯就定為7400韓元，這是個值得一試的遊戲。雖然是有著相同食材的湯，但若加上修飾語，每加一個字大概多支付200韓元左右，則後者會多支付約400韓元。如果不收取更多的費用，定為與競爭者相同的價格，就相當於向顧客多提供了400韓元的價值，這對我們是有利的。既然要加字，今天乾脆就加個夠吧？豬肉泡菜湯的前面再加二個詞，那定價就會是7800韓元了。

寶城綠茶 豬肉泡菜湯

真想請任韶堂先生喝杯燒酒。雖然老闆們憑直覺也知道這麼做會增加價值，所以才拚命地修飾菜單品名，而現在終於有了明確的根據。一個字200韓元，不僅是餐飲業，在任何行業、任何經營狀況都可以這麼做。不僅可以提高客單價，還可以消除顧客的疑惑，可謂是一石二鳥，既提高了努力製作菜單的價值，也消除了顧客的懷疑……

咖哩 V.S. 名古屋 咖哩

事情愈來愈明確了，價格也看得見了。如果直接寫咖哩的話，很難確定材料是什麼、是什麼風格的咖哩，但只要多加上三個字「名、古、屋」，就會像我們曾說明過的，大腦會點燃聯想之火。當出現單字時，就會在大腦中尋找形象。無論是影像還是聲音，都以光速開始掃描，然後為了尋找單字之間的關聯性而進行串聯。

哦，不是一般的咖哩，而是名古屋風格的咖哩？很好，心情愉快，是多給個600韓元（約新臺幣15元）就能享受到的小奢侈。

這樣看來，在菜單中加入牧場或農夫的名字，就是創造奢侈小確幸的過程。如果想讓顧客即使吃到的是相同規格和品質的食物，也能享受更多的幸福，就要加以修飾。只有這樣才能創造價值，進行差異化，創造出的不是性價比，而是價奢比（以購買的價格能享受到的最高奢侈）。

好，讓我們耐心地看一下大家的菜單吧。如果沒有說明主材料的任何字眼，就馬上從菜單中撕下來吧。然後重新擬好再寫在菜單上，一個字一個字地用力寫好，像背誦咒語一樣。無論是材料、地區，還是烹飪方法，可以舉的例子無窮無盡。

牛丼 V.S. 東京牛丼

蒸淡菜 V.S. 麗水蒸淡菜

燉白帶魚 V.S. 楸子島燉白帶魚

炸豬排 V.S. 神戶炸豬排

美式咖啡 V.S. 衣索比亞美式咖啡

漢堡 V.S. 手工漢堡

部隊鍋 V.S. 議政府部隊鍋

醬刀削麵 V.S. 江陵醬刀削麵

牛皺胃 V.S. 大邱牛皺胃

魚板湯 V.S. 釜山魚板湯

各位會想去哪一家？又會選擇什麼餐點呢？菜單的名
字不是隨便取的，菜單的命名是為了幫助顧客做出幸福的選
擇。光聽就能描繪出味道、在吃之前就能感受到風味，我們
需要的正是這種菜單品名。

在烤肉店賣海苔飯捲又怎樣

有很多人詢問我該如何開發新的單品以及和別人不同層級的菜色。其實做出差異很簡單，只要和別人不一樣就行。在泡麵裡加入墨魚汁，煮成黑色，味道就不一樣了。冰淇淋炸過看起來也不一樣。即使只是用羊肉代替泡菜湯的豬肥肉，顧客也會有不同的感覺。但是真正的差異化，並不在於單純的不同。在不同的同時，還要擁有二個關鍵字。

顧客的需要（needs）
顧客的利益（benefit）

這二個關鍵字可以帶來截然不同的影響。但要這麼做就需要勇氣了，需要過分出色到能夠讓競爭者們羨慕的勇氣，過於厲害而像天才般被孤立的勇氣，我們需要培養這種勇氣的才能和膽量。

有些人總是什麼都得不到，而他們有著共同點。例

如，雖然內心很羨慕，但是卻用攻擊性的方式表現出來。如果遇到細節做得比較好的對手，就會輕蔑地說：「沒有哲學，只有技巧。」不知道這種話本身會讓自己顯得多麼寒酸。革命始於細微的細節，出發點就是解決顧客的難題、苦惱和苦衷等非常小的關懷。

大部分賣肉品的生意都認為薄切五花肉只能是冷凍的，我們都以為這是常識。沒凍透的豬肉塊要怎麼切得像刨花片一樣薄？但是「Paedaegi」這間店卻辦到了。將生豬肉稍微「加冷」後，再用生魚片刀切就可以。消息馬上就傳開了。如果完成了別人都說辦不到的事，就會意外輕易地傳播開來，像病毒一樣擴散。這還沒完，薄肉片一放上烤盤就瞬間縮起，再把烤好的肉片用小蘿蔔葉包著吃。

這種程度還只是小菜一碟，再來是在烤肉店賣海苔飯捲。告訴顧客我們準備了用烤好的薄肉片把飯捲包起來吃的吃法。愛吃肉的人都知道，肉要和飯一起吃才好吃。這就是我提供給親近的後輩「飯很好吃的烤肉店」這句廣告文案的理由。

但烤肉店裡竟然出現了海苔飯捲！

@ 光州 Paedaegi

烤肉店裡竟然出現了海苔飯捲？
但是，如果完成了別人都說辦不到的事，
就會意外輕易地傳播開來，像病毒一樣擴散。

如果是沒有勇氣被羨慕的平凡烤肉店老闆，肯定會這麼指責：

「你根本就不懂怎麼做生意。切肉和捲海苔飯捲需要多少時間和人工費啊，嘖嘖嘖。」

我才想咋舌。別人認為「不可能」的地方必然會有寶物，選手們把這個空隙稱為「爆紅的縫隙」。不需要用上「藍海」這個詞，縫隙出乎意料地多，它位在競爭對手們認為累、煩、需要花錢的地方。

那麼，顧客為什麼對認為不可能的事情拚命，並毫不猶豫地打開錢包掏錢呢？之前曾多次說過，顧客的大腦會不斷計算。如果各位是顧客的話，究竟會選擇哪一邊呢？

五花肉 V.S. 生刨五花肉

白飯 V.S. 7mm 海苔飯捲

大醬湯 V.S. 荷包蛋炸醬泡麵（也有八道辣拌麵）

不平凡的差異創造價值。擁有尋找價值的勇氣，就是成為勝者的資格。味道是最基本的，親切也是基本，衛生自不必說。

懂得創造「不同」的勇氣，就是創造「不同」的膽量。

水溫定勝負

　　讀過《做生意，用戰略》的人都知道餐廳的飯一定要好吃。味道固然重要，但為什麼要使用過濾水，現在已成為餐飲業界的常識，這是令人高興的事。順便要聊一下水溫。先等一下，這裡有個問題！

　　人體的百分之幾是水分呢？

　　現在馬上用智慧型手機搜尋也沒問題，知道後就是自己的。對了，正確答案是70%。應該有人早就知道，也有人是剛剛找到正確答案的。但是這個如常識般的答案，有一半正確，一半是錯誤的。70%這個數值是以男性為基準算出的，而且還是成年男性。在受精卵時水分占了97%、胚胎長到第八個月是80%、新生兒約有75%是水分。成年人中，青年體內水分為70%，40～50歲者為60%，超過60歲則下降到50%以下。如果計算平均值，比起70%，反而更接近60%。當然，這是正常人的標準。像本書作者這種有點胖的類型，脂肪比例高，水分比例低。

無論如何，人類是無法與水切分開來解釋的動物。大腦、血液、心臟、肺、腎臟等大部分都是由水分構成的。所以好水和好喝的水非常重要。好，接下來是真正的問題～

「最好喝的水是多少度？」

這個問題之所以重要，原因如下。不管裝設了多麼好看的門面、在玻璃門寫上肉品進貨的時間、聞著在壓力鍋裡慢慢煮熟的飯香味，但結果……第一個碰到顧客舌頭的，是水。

很多選手忽視了水的味道和溫度，所以無法讓客人感動。試問到目前為止你去餐廳時，有沒有覺得水很好喝過？冷麵店的麵湯和位在湧泉附近的拌飯店的水是例外，美味的成分和令人興奮的氣氛起到了一定作用，所以把這些選項排除在外吧。

好，那麼水溫要調到幾度，客人們才會大口喝下並說出：「哇～這家的水味道真是藝術啊，到底在水裡做了什麼？」先將下列公式背下並測試看看吧。

最好喝的水溫＝體溫－24度

大膽寫下減去24度的理由如下。根據研究機構的不

同，以及參與感官測試的男女老少分類不同，結果大約在體溫減20～25度左右。當然，如果是迫切需要水的天氣狀態和環境，結果也會不同。跑百米的人和跑半馬的人感受到的水的味道不同，這是不爭的事實，但要抓住每一位造訪店裡的顧客，詢問

「你剛剛有跑步嗎？」

「請問你今年貴庚？」

這可不是能一一問完的！我們要思考的東西、要背的東西還很多，因此採用在誤差範圍內，我們熟悉的體溫減24度，讓各位不會忘記這個數值。除了處於亢奮狀態或生理期的人之外，人的體溫平均為36.5度左右。一年365天，一天有24小時，用這樣的口訣去背會更容易記住。怎麼背起來隨讀者喜歡，所以暫且先不管了。

總之，如果想成「36.5度－24度＝12.5度（±3度）」的話，會比較輕鬆。這就是學者們所說的「好喝的水的溫度」。所以什麼都不想就把水放進冰箱，掉以輕心地覺得這樣自然就會變好喝是不行的。被冰到牙齒發涼的顧客會皺著眉頭，而味覺發達的美食家們則可能感受不到任何味道。

既然踏入了餐飲業，就拼命發送福利直到顧客滿意為止吧。水溫？只要隨著一年四季調節冰箱的溫度就可以了。

懶惰的人是絕對不會成功的，所以現在馬上就站起來去放飲料的冰箱吧，然後調整出最好喝的水的溫度。因為沒有人會抱怨水好喝。

順便再提一件事！

各位應該也會好奇好喝的熱水是幾度吧？答案是70度。在炸豬排店供應的味噌湯，或居酒屋供應的溫清酒差不多就是這個溫度。那麼，覺得最難吃的溫度是多少度呢？答案是35度到45度。為什麼拿出不冷不熱的水顧客就會皺眉，現在大家應該都理解了吧？

女廁的變身無罪

這是演講時我最使勁著墨的部分。「廁、所」，光是聽到就讓人心裡不舒服的奇妙空間。大家聽到廁所這個詞的瞬間，首先想到的是什麼？雖然不知道是什麼，但十有八九會回答氣味，光是想到就皺起眉頭。大衛‧路易斯（David Lewis）在《衝動的背後》（*Impulse: Why We Do What We Do Without Knowing Why We Do It*）一書中把香味和味道等同視之。這樣一來，這種解釋就成為可能。香氣影響會味道，而味道會影響香氣。

如果因此認為「那麼提到我們餐廳時，應該盡量排除廁所」又是另一個失算。前面曾多次提過，只有破壞顧客普遍擁有的常識，才能生存下去。那麼方法是什麼？就是製造出一些讓人印象深刻的廁所。令人無法想像的、所以還想再去一次的廁所。

當然，顧客不會因為想到廁所就光顧餐廳，但如果是位在同一條美食街，情況就不同了。當你詢問想吃烤肥腸的

女友要去哪一間店，她轉動著圓圓的眼睛，聚精會神地思考片刻後，她的腦海中已經充滿了對比分析的圖表。味道、價格、分量、親切度⋯⋯如果已經提到的這些標準都沒有太大的鑑別力，那麼她的最後判斷標準，絕對是廁所。請各位做女朋友的眼睛，比較一下各店鋪，很快就會有頭緒了，她一定會投票給有美好記憶的地方。正如情侶的例子中所提到的，選擇菜單和決定購買的主導權，早已轉移到女性手中。

「餓了嗎？走吧，去吃豬肉湯飯吧」可以如此高喊的男性人數正以等比級數減少。女性顧客的重要性與日俱增，從10多歲的少女到60多歲的姐姐們，都要去詢問與觀察。廁所對女性來說就是如此重要，這也是為什麼我總是大聲強調廁所的原因。變化必須顯現出來，只有這樣價值才能得到認可。如果自家店裡的廁所有問題，或者是沒有什麼可突顯強調的，那就盡快採取措施吧，內容如下：

1. 製造香氣
2. 燈光要溫暖、明亮
3. 播放符合目標聽眾的音樂

變化必須顯現出來。

只有這樣，其價值才能得到認可。

請專注於香氣、燈光、音樂這三點。

僅僅消除臭味是沒有吸引力的。

這裡寫得很清楚，並不是要消除一提到廁所就會反射性想到的惡臭。這種程度的魅力還不夠，更要散發自己店面獨有的魅力香味。這裡一定要給一個提示：柑橘系列的香氣會讓人產生好感。

再來，燈光非常重要。閉上眼睛回想一下。至今為止體驗過的廁所中，最好的廁所是哪裡、最糟糕的是哪裡。前者是飯店或高級西餐廳的可能性很高，後者可能是小巷裡的餐廳或避暑勝地。後者光是想想就覺得不愉快，也許有一種樟腦球味和氨結合的超強麻醉劑感。而燈光也有很大影響，為什麼「廉價」廁所的燈光都是白色或偏藍色的日光燈呢？更嚴重的是，很多地方會使用接近灰色的憂鬱顏色。

這二種燈光的差異對結果有巨大的影響。在有著冰冷燈光的廁所裡，別說照鏡子了，連手都不想洗，只想趕緊逃出這空間。就連折磨白雪公主的女巫也不想看到這樣的鏡子，因為臉上的黑斑和痘疤都能看得一清二楚。相反地，在溫暖的燈光下，就讓人想觀看鏡中的臉，而且看的時間也較長。在好看的燈光下，自己的模樣映照在鏡子裡，讓人忍不住想一直盯著看。

廣告比任何人都能更快地捕捉到趨勢。說到察言觀色，那就得提三星 Galaxy，不，是 Galaxy 的廣告小組。在

廣告中，智慧型手機擺放在畫面內，一隻手小心翼翼地伸進畫面裡，然後字幕出現：「我拍，故我在」，背景音樂節奏明快。

接著女主角站在高級洗手間的正中央，正拿著手機接聽。當洗手間裡的其他女性轉身離開時，她的頭也跟著對方移動路線轉過去。當那位女性一消失，女主角的表情瞬間變了。她看起來很滿意廁所洗手檯的燈光，帶著會心的微笑舉起手機自拍。誘人的廣告文案閃亮登場。

「錯過的燈光，一去不復返。」

若不是覺得自己看起來很美，怎麼會在廁所自拍呢！如果還是認為這只是單純的廣告設定，那你的功力還差得遠呢。現在馬上點進 Instagram 確認吧，從幾個標籤就能看出女性對廁所燈光有多麼重視。只要搜尋 #廁所照 #廁所自拍 #廁所拍拍 #廁所燈光，就能看到數萬張照片。

講課中強調過很多次，許多品牌都在更換廁所燈光，然後開始在社群媒體上用打卡照洗版。如果再加上音樂就更加分了。不需要大動工程打通天花板裝設音響，只要把藍牙喇叭高掛起來就好。放什麼音樂？只要播放光顧店內的主要顧客喜歡的音樂就可以。不管是嘻哈、韓國演歌還是古典音樂都可以。

衛生衣和發熱衣的差異

　　和我是臉友的安泰亮（音譯）是位知名人士。比起在韓國，他在菲律賓和東南亞更有名，他有著「用炒年糕稱霸世界」的宏偉夢想。二月的某一天，我看到了一則簡短而強烈的貼文。看到這樣的文章，我心裡撲通撲通地直跳，想衝到筆電前寫文章。

　　衛生衣一詞給人很土的感覺，但說出「HEAT-TECH」（發熱衣）感覺就不一樣了。當品牌製造出那種感覺的瞬間，一切就都完成了。

　　我的主業是品牌打造和品牌管理，所以見到這樣的選手時，就會想90度鞠躬致敬。這篇短文中包含了商業的各個層面。衛生衣的主要作用是禦寒，發熱衣也是如此。雖然衛生衣的厚度和顏色有點彆扭，但只單穿發熱衣出去也有點尷尬。不過一提到「內搭衛生衣」就會想起尷尬地舉起雙臂

的男女模特假人，而一提到「發熱衣」，就會想起冷靜睿智的都會女子李娜英。

是的，品牌是自然而然地想起來的。不是耍賴地強迫顧客「請想起這個」，而是讓他們自發性地想起形象或商品。若能再加上高檔的感覺就更好了，外來語和漢字等肯定會加分。但是仔細研究就會知道，絕不是因為品牌名是外來語、是漢字所以有更強的品牌力。

整理一下，若看到字後能想起具體的形象，你就成功90%了。再補充一點，最後的一擊（counterblow）就是讓人們相信你的品牌。不管發熱衣多麼有人氣，如果製作「HEATINGTECH」或「HOTTECH」等產品，在市場上會被打個粉碎。因為這反而會彰顯「HEATTECH是原版發熱衣」，和到處宣傳「我是山寨貨」沒什麼兩樣。講課時我經常會問：

「把丟進水中的肉用高級一點的詞彙來表現的話？」
「湯料。」
「錯～！白切肉。那麼如果把白切肉做成最昂貴的菜色？」
「全國最強養身韓牛母牛白切肉。」

「哎呀！是平壤銅盤牛肉火鍋！」

我們餐飲業者需要角色扮演，扮演成詩人金春洙先生。無論是我呼喚他的名字，使他成為一朵花，還是成為吸引人的菜單，都需要有成熟的定義，要設法讓顧客點頭。當然，Uniqlo 在廣告上投入了天文數字的金額，如果鄰里小餐館想模仿，即使砸錢砸到脫褲也模仿不了。但就像重新定義餐飲業一樣，得將自己喜愛的菜單製作成發熱衣，而不是衛生衣。

寫幾個突然想到的主意吧？

五花肉＜絲綢五花肉

豬皮＜百刀雪花豬皮

大蔥＜珍島大蔥

「把普通名詞變成專有名詞，其力量將增強十倍。」

4 成為難題解決大師
關懷並累積信任

塑膠袋堆砌出的信任

　　廣播界的聚餐頻繁，菜單選擇主要是肉。雖然製作公司有錢的話就會吃牛肉，但大部分都是韓國的國民菜單豬五花。那天，我前往位於上岩洞美食街的一家烤五花肉店，一進門烤肉的味道就撲鼻而來，下意識地環顧四周，沒看到裝外套的塑膠袋。塑膠袋既能防止烤肉途中濺出的油噴到衣服，又能在一定程度上防止沾染烤五花肉的氣味。所幸椅子是迷你圓桶的風格，小學生都知道蓋子能打開。熟練地打開蓋子……糟糕！無法判斷底部積著是水還是燒酒的液體，桶身內側也滿是灰塵。不能這樣對待我珍貴的西裝啊，不！

　　「阿姨～」

　　我做了一個把衣服裝進袋子裡的動作，她點頭。過了一會兒，她遞了一個燒酒公司贊助的熟悉塑膠袋到我手中。皺巴巴的塑膠袋外側有一層油，連灰塵都被黏住了，黏答答的，一點也不想碰。如果老闆請你把貴重的衣物放進這個袋子裡，你會是什麼表情呢？

「難處」是指「痛苦的心情或情況」，這個詞後面通常會接「吐露」（把心中的東西都赤裸裸地袒露出來）這個動詞。但是顧客不會主動表露自己的心意，表面上看起來，投訴者不會超過4%，其餘多數人大都保持沉默。原因很多，但平心而論，顧客並不清楚自己想要什麼。因為顧客自己也「不太清楚」，所以當務之急是進入他們的大腦和視線，找出他們無法感知到的難處。難處與能量消耗成正比，麻煩、不方便都會消耗顧客在金錢和心理上的能量。

不是無條件比別人多給就是服務，就像果汁店不需要賣假牙清潔劑，真正的服務是描繪出顧客的疲勞，對顧客會遭遇的困難防患未然。想想外食中排名第一的烤五花肉吧，最大的困難點是什麼？

1. 需要一一翻肉，還要切肉很麻煩
2. 不僅是桌子，連我的衣服都弄得亂七八糟、油膩膩的
3. 衣物芳香噴霧也難以除去的味道
4. 大醬湯和白飯需要另外加點

關於第一點，河南豬肉店好好解決了這個問題。第二點大部分店家會試圖用圍裙或抽風管解決，還有雖然幫不上什麼忙，但出於體貼提供保管衣服用的椅子和塑膠袋，但也就只有這樣了。在烤肉店遇到這種不像樣的服務就會覺得生氣，但就算不爽還是要把食物吞下去。雖然飢餓的舌頭和內臟可能會把食物吃下，但小心眼的大腦卻做好了心理準備「下次不要再來這家了」。從這個意義上來看，有一位年輕社長的做法讓人想稱讚他。

在議政府市經營過辣淡水魚湯的李賢民（音譯）代表，他既是讀者也是作者，是我的臉書朋友，我們的關係僅限於此。而這位臉友的發文引起了我的注意和關注，因為他一項一項地執行著《做生意，用戰略》裡的內容。隨著關注的深度和廣度擴大，我們的訊息往來也愈來愈頻繁。有一天，他告訴我他買了可以掛顧客衣服的衣架，我毫不猶豫地提出了一個建議。

「請準備洗衣店用來套在衣服上的塑膠袋吧，不會很貴。」

他立即付諸實施。會幫自己穿去餐廳的衣服拍照的情況非常少見，但是在他的店裡享受最高程度關照的顧客卻不同，他們開始拍下自己被掛好的衣服。在講課時放出照片，

不僅自營業者，連大企業的管理人員也會拿出相機記錄。顧客想要的就是這樣的服務，可以默默感受到的無微不至的關懷，即使不說明，也會發出哇嗚的感嘆聲，想記錄在自己的相機裡的那種記憶。

李賢民代表在觀察了顧客後，將一次性的洗衣店塑膠袋換成了更高級的塑膠材質手提箱。

「客人們的衣服很珍貴，我會好好保管以免起皺。」

一口氣消除了顧客的難處，獲得了好感，而這種好感構築出了信任。銷售額增長300%都是有原因的。

解決顧客自己都尚未察覺到的難處，才是真正的生意之神。氣味也讓人頭疼，雖然在吃的途中不太會感覺到，但是在放下筷子的瞬間，烤盤上逐漸冷卻的油就會變成令人不快的氣味。也許是因為氣味的關係，烤五花肉店的午餐銷售額一直無法上升。我也不喜歡那種氣味，所以會盡量避免在烤肉店吃午餐。說到這裡，你應該可以想像出畫面了。

初烤過　次的肉在無油煙電烤盤上烤著，客人們穿的圍裙是一次性的，衣架上整齊地掛著西裝，裝在洗衣店用的

塑膠袋裡。解決難處需要堅持和雄厚的膽量，因為這不是誰都能做到的事。雖然舉了烤肉店的例子，但如果是有sense的人，早就開始尋找自家顧客們的難處。再次強調，顧客自己是無法找出難處的。

生魚片

義大利

中餐廳

韓定食

我們正在做，但市場上還沒有人做的某個東西。因此，在讓顧客放心的同時，也要讓他們感受到在競爭對手的店裡無法想像的難處。

生魚片（殺菌砧板）

義大利（料理中使用的純淨水和進口義大利起司）

中餐廳 (每種套餐使用顏色不同的盤子)

韓定食（三副筷子＝蔬菜用＋肉用＋魚用）

「客人們的衣服很珍貴。
為了不讓衣服起皺，我們會好好保管並掛起來。」
解決顧客還沒有察覺到的難處，才是真正的體貼。

　　本來沒有想到是難處的事，因為在我們的店裡學到了，那麼不管顧客去哪間店都會說「之前在某間店用來剪烤五花肉的剪刀，幾乎像髮型師用的一樣鋒利無比⋯⋯但這家的也太鈍了吧QQQQ」，產生了這樣的標準。結果，顧客感受到相對吃虧的感覺，所以來我們店裡的可能性就愈高。

　　只要刻意揭露出顧客的難處，並提供相應的解決方案，各位無論在哪個戰場上都會成為勝利者。要表現出體貼和差距，如果隱藏起來且不教給顧客，這樣絕對誰也察覺不出來。

不假裝漂綠

　　洗滌有二種意義，原意是清洗髒掉的東西，另一個是做出看起來那樣的事。時事常識詞典中出現的「漂綠」（Greenwashing）屬於後者。也就是說，漂綠是「green」和「white washing」（洗白）的合成詞，雖然與實質性的環保經營有段差距，但做出看起來像標榜綠色經營的行為以宣傳企業。用一句話簡單來說就是偽裝出來的環保主義。

　　最具代表性的案例就是伊斯坦堡青蛙事件。為了暗示友善自然，伊斯坦堡市政府在伊斯坦堡新城區放生了 4.5 萬隻青蛙，試圖蓋上這裡安全到青蛙也可以生存的認證標章。並不是只有公務員提出這樣的想法，全世界都有生物（bio）、環保、生態（eco）、有機（organic）等眾多認證章和標識，但標準並不明確，也不清楚是哪個機關賦予的認證標章。離我們生活很近的地方也很容易找到，超市和百貨商店就是如此。進入入口後，右側色彩繽紛的蔬菜和水果微笑著迎接顧客，噴出水霧的冰箱雖然與新鮮度沒有太大關

係，但足以產生洗滌顧客大腦的作用。「原來這裡只賣新鮮的好東西啊」，行銷人員刻意安排了能讓顧客這麼認知的設置。

如此看來，漂綠具有很大的展示意義。現在我們改變一下想法吧，並非如此的東西不要硬說他是，而是好好展示出來如何？我們不應該偽裝成綠色，進行太簡單的漂綠，反而要提議進行遠遠超過這一概念的「觀綠」（green watching）。

觀綠顧名思義就是讓顧客親眼看見綠色。不是假裝，而是真的，指的是在店裡可以看到食材成長的系統。聽起來好像很厲害，但就是種植系統，裡面既種了生菜也種了紫蘇葉。意圖是讓顧客用眼睛確認這一點，並設置可以用手直接觸摸的小溫室，以吸引顧客的眼睛和大腦。

最早開始實踐這個想法的是在三、四年前的水原。當時我向幾乎所有我負責管理的品牌提議進行觀綠，水原市內滿意度最高的時令包飯也是如此。在屋頂和店裡蓋植物農場吧，第一步是在建築內部栽培香菇，第二步計畫是在屋頂設置植物農場。進入餐廳的大部分顧客看到是店裡親自栽培的菇類後都會放下心。

@ 光州節氣飯桌

光州節令飯桌店內種滿了各種葉菜,
光是看著就感到爽快。
一般競爭者無法想像的差異化策略和感情記憶同時爆發。

「如果真誠和衛生達到這種程度，就沒有必要懷疑了。」

得到顧客的分數就能獲得好感和信賴，提高銷售額。還有一間企業以植物農場抬高了身價，老闆是位很有推動力的人，所以我跟他很聊得來。經營米腸湯飯連鎖店的這位老闆想開一家不錯的餐廳，為了實現這一目標，他尋遍了全國各地，在開發和引進魚、肉、醬料、醬菜和泡菜上傾注了全力。結果如何呢？

開幕之後座無虛席，每天客滿候位！

這位度過美好每一天的人邀請我去店裡，我們討論了更大的「一擊」。有什麼武器可以點燃顧客的內心和大腦，並更明確地留下印象呢？在腦力激盪的過程中，出現了時令包飯的提議，並得出了「再創新一點如何」的結論。之後，他將原本要用來作為休息室的空間果斷地改造成植物農場。如此大膽地執行下去的作品，就是韓國河南的「鄭家飯桌」。如果是正在企劃要開餐廳的人，推薦一定要訪問此店。還想再介紹雖然店面不像前面介紹的二家那麼大，所以有些猶豫是否要提的一間店，那就是光州的節氣飯桌。

打開店門入內的顧客環顧左右，視線集中在了右側。清新的綠色在玻璃門後綻放，裡面生長著各種葉菜，看著就

覺得涼爽愉快。一般的競爭者無法想像的差異化策略和感情記憶同時爆發，連百貨公司和超市販售的葉菜都無法匹敵。

這與裝裝樣子的漂綠完全不同，這是「Green Watching」。在如此清爽輕快的氣氛下吃飯，一定會有好胃口的吧？顧客只相信親眼所見的東西，不論是一張照片還是十秒的影片，觀綠可以一次性解決自營業者老闆的夙願。

「如果能救活正在死去的生意……」

想牢牢吸引住顧客嗎？

現在馬上前往水原、前往河南、前往光州觀摩吧。

用一杯咖啡擄獲人心

對韓國人來說，一杯咖啡具有重大的意義。與人口密度相比，韓國的咖啡店數量之多堪稱世界級，從一杯 800 韓元（新臺幣約 20 元）的美式咖啡到超過二萬韓元（新臺幣約 500 元）的飯店咖啡，價格幅度落差相當大。飯後喝一杯咖啡比刷牙更重要，從餐廳裡涌出的人手裡拿著咖啡杯，在設有咖啡自動販賣機的餐廳裡也毫無例外地出現這番絕景。每人投幣後拿出一杯「茶房咖啡*」（다방 커피），循環動作就開始了，剔牙、含一口咖啡、輕輕地發出聲音，再剔牙……因為習以為常了，很少有人會特意關注。

隨著自營業者間的競爭加劇，咖啡自動販賣機也在進化。以黑色和金屬形象咖啡機武裝的店面一間接一間地增加，甚至還陸續出現裝了膠囊咖啡機的店。這是努力為了提供與競爭者不同服務的一環。

「好，如果是各位的話，你會選擇去投經常在司機食堂裡看到的咖啡自動販賣機嗎？還是去有品味地招待美式咖啡

的店呢？」

　　並不是要盲目地給予客人高價的待遇，我們需要更加智慧化。雖然是免費的咖啡，但顧客大腦中的計算機卻會不斷運轉。「成本大概在200～300韓元左右吧！你說什麼？如果是膠囊的話，事情就不一樣了。包含紙杯在內，成本應該落在700～800韓元吧？」用餐後，顧客和老闆之間無聲的心理戰仍在繼續。

　　提起咖啡心理戰就會想起一些人，他們用一杯咖啡把顧客哄得服服貼貼的。第一位是在大邱經營「在這裡遇見肉」的李相賢（音譯）代表。他用Kakao talk傳送星巴克咖啡拿鐵券作為禮物，送給來聚餐的顧客，並附上感謝的訊息，甚至還關照客人沒來店裡的太太，讓二人都能喝上一杯熱呼呼的咖啡。這主意太棒了。這就是超越第一印象（First impression）和最後印象（Last Impression）的後印象（After impression）。

　　通常在餐廳吃完飯離開時，會用自動販賣機的咖啡做收尾，向顧客說掰掰。雖然希望顧客能再來就好了，但卻不

---

*一種韓國的自動販賣機杯裝即溶咖啡。

知道該用什麼方法。對自己寬容的人覺得在店門口準備自動販賣機咖啡就好了，哪還需要再多做什麼，這種人在讀到這段文字時可能會起雞皮疙瘩。

售後服務不是任何人都能做到的，需要堅強的膽量。星巴克咖啡拿鐵的中杯（Tall）一杯4600韓元（新臺幣約106元），二杯就要9200韓元。在超過數百萬家的韓國自營餐廳店面中，有多少人能做到這種程度呢？

如果是已經在這麼做的人，我想低頭表示感謝，如果是還沒有想到的人，請立即跟進。顧客的心不是空口說說就能抓住的，比起計較成本，吸引顧客再次上門消費會更有利。如果價格相同、分量相同、品質和服務都差不多，那麼毫無疑問地有很高的機率會再次光顧贈送咖啡的店家。

再次強調，比起死亡，顧客更討厭吃虧。相反地，在自己可以獲得的優惠面前，人類會變得無比渺小和溫順。即使不提滿意度差2.5倍的公式，只要是明智的人，這都是可以大膽嘗試的策略。並不是要發送給聚餐的全體成員，而是只送給負責訂位的人一杯咖啡就好，他有很高的機率是該企業或該部門負責預約餐廳的人。

說到咖啡心理戰，不能不提的另一位選手是大田五百噸的權順宇代表。他所經營的烤肉店以策略和細節迅速崛

起，正在平定韓國的大田地區，他拿出了比送上感謝咖啡禮強大 20 倍的必殺技。

他也經常贈送咖啡給取消團體預約的顧客，而且還是星巴克的拿鐵。因為顧客預約而保留了全店座位給對方，但如果對方在一個小時前才取消，實在是非常尷尬。但愈是這樣，他愈沉著地詢問事情的原委。對方並沒有無禮，而且好像有什麼緣由，所以在判斷後他送了咖啡給對方。這個禮物和訊息一定會被記在心裡和腦裡，他有著贈送給沒來過的顧客將近一萬韓元禮物的膽量和勇氣。讓顧客再次感到抱歉的方法不多，如果再加上店家充滿感謝的問候，那麼遊戲到此就成定局，贏定了。後印象的策略非常猛烈有力，請擦亮雙眼找找看吧，要如何、用何種武器再次吸引離開自己店面的顧客。

用一杯咖啡擊中顧客心臟的還有另一位，他是在慶山經營越南米線店的張道煥代表，他也因一杯咖啡而獲得信任。某日，店員好像忘記在外送的套餐裡放香菜了。一般來說，如果店家外送漏掉什麼東西，要麼是下次再送、要麼是發折扣優惠券。從外送 App 的訊息來看，每天都會傳送數百、數十個這樣的回覆。但是這樣的補償不足以撫平受傷的心靈，如果想將扣分轉換為加分，就需要與他們不同層級的

策略。

「很抱歉沒有幫您準備到香菜，下次會給您二倍的量。」

而在這一訊息中，又附上了一杯星巴克美式咖啡，他是懂得道歉的老闆。

「哎呀，不送也沒關係的說……」

顧客的心已然融化。店主將無法用金錢換算的巨大價值換成了一杯咖啡。現在一提到「越南米線」，顧客就會想起「the Pho」慶山店，然後會聯想到一杯咖啡，他已經在顧客的大腦上烙印了。

你問如果給這麼多的話，自己還留有什麼？

會留下顧客的心。

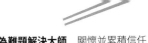

免費兒童餐

在演講中，我經常會播放一到二分鐘的國家地理頻道《腦力大挑戰》(*Brain Games*) 片段。因為是世界級專家製作的，內容非常充實。從製作人出身的我的立場來看，能找到這樣的寶物實在很幸運。在 NAVER、YouTube 上也有很多資訊，參考一下會有很大的幫助。其中有一集與古典倫理相關的部分，想介紹一下。

假設各位可以調整火車進入二條鐵軌的方向，推動開關可以走上一號鐵軌，拉動開關可以走上二號鐵軌。這時，一輛剎車失靈的火車鳴笛疾馳而來。一號鐵軌有一名工人，二號鐵軌有四名工人正在施工。汽笛聲愈來愈大，但卻無法剎車，工人們沒有足夠的時間躲避。只剩下你的決定，滴答滴答滴答……如果是各位，你會選擇一號和二號中的哪一個呢？為了盡量減少犧牲，大部分人會選擇一號，紀錄片中的採訪也是如此。

「當然要救活四個人囉。」

「從道德角度考慮，四個人比一個人更重要」

「我會推開關來救四個人。」

結果一致認為，比起一個人，四個人的生命更為重要。

但改變條件的話也會出現同樣的結果嗎？如果在一號鐵軌工作的工人是你的近親呢？

「現在不是計較人數的時候吧！」

「看來要殺掉四個人了。」

答案會改變。這就是人類的本能。也有人在聽到問題後思考了好一陣子，然後好不容易開口這樣回答。

「要看是什麼樣的親戚吧。」

聽眾捧腹大笑，總之結論是救活親戚。賓州大學（University of Pennsylvania）心理學教授科倫・阿皮塞拉（Coren Apicella）對此解釋：

「雖然可能會認為選擇一位親人而不是其他四個人是出於情感的決定，但其中生物學上的本能也產生了作用。和其他所有生命體一樣，我們想把基因留到下一代。一些心理學家將這種進化策略稱為『親屬選擇』（Kin selection）。拯救家人是因為擁有相同的基因，而我們想留下這種基因。」

第一次看到這部紀錄片後，我愣了好一段時間。理所

當然的事情，竟然隱藏著這樣的背景，這就是本能吧？那麼，如何將這個內容應用到餐飲業和其他商業領域呢？種族保存本能、親屬選擇……對，就是這個！

兒童吃的飯、兒童吃的麵、兒童喝的湯。

很多來聽課的學員們都參與了這次活動，根據各品牌的氛圍製作兒童餐。價格是？免費！其中有很多理由。前來自家餐廳用餐的顧客最珍惜的就是子女，上面提到的種族保存本能發揮著影響力。回想一下「連刺蝟都說自己的孩子毛皮柔軟」這句話，就會更容易理解。只要一句話就能讓顧客被融化。

「哎呀，天啊，這是真人還是洋娃娃？」

「應該很常聽到別人說你家孩子可愛到能當模特兒吧？」

稱讚並珍惜顧客最重視的對象，又讓他們吃上一頓好吃的飯，勝負就已成定局。無需多加說明，充滿自信地寫下來吧，在菜單上寫「兒童用餐免費」。然後我要再公開一項更致命的祕密。

紀錄片中沒能指出這一內容。如果有一輛失控的火車向自己衝來，也許各位和我都會不分一號二號，先選擇自己的生命。我明碓地告訴各位，這是本能。比親戚更重要的就是自己，沒有我自己，任何存在都沒有意義。如果進一步深

入分析這個想法，兒童吃的飯、兒童吃的麵和兒童喝的湯帶來的意義會更大。如果沒有兒童餐，就要把妻子或自己的食物分出來給孩子吃。如果再多點一份會很有負擔，絕對吃不完，所以不得不把需要充電的部分能量分給孩子。而且看到孩子吃得津津有味的樣子，就會想讓他們多吃點，這就是天下父母心。雖然不能滿足自身需要的量（只能做做樣子），但更想餵飽孩子。

這裡有一個問題。

「盛麵和飯給孩子吃的父母用餐滿意度是多少？」

以成年男性為基準，每天建議攝取的卡路里約為2700卡，平均值是這樣，如果個子高或體重較重則需要更多。根據職業的不同，可能需要更多的精力。但是，如果不能填飽這些就要走出店門呢？父母也同樣飢餓。你認為這樣的父母會被你們的食物感動，並再次上門用餐嗎？這是不可能的。沒能滿足所需卡路里的父母會有些遺憾，只能再去吃第二攤，最終只記得最後滿足自己飽腹感的最後一個品牌。

不能把兒童餐當成隨便給的東西。即使提供一項服

兒童燉飯

（提供給學齡前兒童／一人一份）

免費

爸爸媽媽們請享用自己的美味餐點吧！

想吃什麼就吃！

請慢用 ^＿＿^

雞蛋粥（提供給學齡前兒童／一人一份）……**免費**

在柔軟順口的粥中加入雞蛋、芝麻油做成營養滿分、適合幼童吃的粥品

爸爸媽媽們請享用自己的美味餐點吧！想吃什麼就吃！

請慢用 ^＿＿^

@ 大田 Italy Goksi（上），大田 Bangaeng（下）

提供兒童餐的店家和沒提供的店家，

其滿足感的差距是 2.5 倍。

沒有提供兒童餐的餐廳，客人一定會被搶走。

務，也需要觀察和分析。掌握這一情況的學員們對免費兒童餐也傾注了全部的熱情。

精心準備麵條和卡通圖案的盤子，裝盤成漂亮的料理招待。但這是給幼齡兒童吃的飯，如果帶著超齡的大塊頭青少年去要兒童餐，老闆的立場會變得很尷尬。顧客懂廉恥，老闆才會心胸寬大，希望大家都能理解這件事。

話又說回來，這麼做就可以包攬附近以家庭為單位的客人。店家既疼愛自己的孩子，還準備飯給孩子吃，這樣父母又怎麼會跑去別家店呢？更驚人的是，這裡也適用迴避損失的本能。有提供兒童餐的店家和沒提供的店家，顧客滿足感的差距是 2.5 倍。現在，不提供兒童餐的餐廳只能失去這些客群。

噓！希望讀者們能保密。如果大家都知道了，就做不出策略上的差異化了。先嘗試一下，獨占一下，等到品牌廣為人知時，再輕輕說出來吧。

有一件事一定要牢記。

提供「免費兒童餐」然後還問孩子年齡的話，那就是傻瓜。如果制定標準問「孩子幾歲了」，那麼很多父母只能說謊。所以不要問也不要計較，就給吧，然後稱讚他是世界上最可愛的孩子。

防止客人流失的方法

如何持續提高銷售額？

有非常多人真心好奇這點。從某種角度來看，這也可以說是本書的一切。只要掌握這個訣竅，一輩子都能成為生意上的常勝軍。所以我才在此公開，銷售是有公式的。

銷售額＝來客數 × 銷售單價 × 頻率

雖然也有很多更複雜的公式，但只要知道這個公式，就可以開店了。現在我們要把精力集中在最前面的來客數上。總之，先要有客人要來，才能談銷售額提不提高！

以來客數來說，只要在現有顧客的基礎上增加新顧客，然後再減掉流失的顧客即可。雖然每個學者都有不同意見，但這種程度的話，應該足夠自營業者理解了。現有顧客顧名思義就是現有的、以前來過的常客等存在，他們是積極的黨員，也是能支撐店家營業下去的最佳燃料。但遺憾的

是，我們侍奉常客的文化並不紮實。

　　無論在哪場演講，只要問「有誰持有顧客名單的？」最多只有10%～20%的人安靜地舉手，其餘的人迴避了視線。好大的膽子，竟然沒有造訪自家店面的顧客名單！這樣的話，如果推出新菜單要如何宣傳、舉行活動時要用什麼方式才能廣告呢？

　　他們顯然不知道「現有顧客與新顧客」的比例為4:6或6:4左右。也就是說，世界上沒有人是曾失去40～60%的顧客還能成功做生意的。但也不要平白無故就喊出「弄出一些常客吧！」、「照顧好常客」、「給常客送點小禮物吧」等口號。除此之外，需要顧客名單或聯絡方式的理由還有數十個，儘管如此，還是有這麼多店家沒有確保顧客名單，這可是珍貴的寶物啊，怎麼能不令人驚訝呢？

　　一旦顧客減少就立即抱怨，然後為了尋找宣傳行銷手法而苦惱再苦惱，為了在廣告代理公司、社群媒體行銷企業、著名部落客或Instagram上排隊而費盡心思，這實在是太本末倒置了。我知道這些舉動代表了想增加新顧客的決心，但從前有句話說「竹籃子打水一場空」，似乎就是在說這個狀況。即使為了增加新顧客而拚命掙扎，但如果現有顧

客流失，那一切就毫無意義。就像國語、英語好的學生為了提高數學成績而熬夜學習，結果連本來擅長的兩個科目都搞砸了。

如果想增加新顧客，首先要關照至今為止照顧自己、讓自己能過上好日子的常客。那麼，用什麼方法才能讓來訪的顧客站在我這邊呢？腦科學家說，人類在 72 小時內會忘記 80% 左右掌握的資訊。

即使自家的食物再好，「價滿比」（滿意度與價格之比）再佳，也很難讓顧客每天報到。這個事實大家已經知道了，因此我們需要採取一些特別措施。這是只告訴心愛弟子們的提示：加入顧客關係管理（CRM，Customer Relationship Management）系統。

這是一個設計得非常優秀的系統，能讓忘記我的顧客變得忘不了我，讓顧客的大腦知道我的存在，並引導顧客進行購買行為。一般來說，使用二個月左右後銷售額就會上升 10% 以上。宣傳和行銷的核心不是銷售，而是形成關係。單方面令人不快的廣告性介紹文，最終只會帶來極端結果，讓顧客切斷聯絡方式。

請想想看，如果有人在沒得到你允許的情況下，只因

為你光顧過一次，就傳來亂無章法的訊息，你會誠實地回覆嗎？這是不可能的。內容敷衍的簡訊會切斷與自己心愛的、希望他們再次到來的顧客之間的聯繫。

所以不要隨便發送「你好，這裡是○○鮪魚蠶室店……」等初級的訊息。有眼力的高段位顧客馬上就能看出「啊，原來是廣發的罐頭訊息啊」。相反地，要以「贈送折扣優惠券給常客金成根先生」、「不為其他顧客，只為常客李智慧小姐慶祝生日」等細膩又低調的作戰。

顧客關係管理有三個優點：宣傳品牌的存在，飽含愛意的暗示，只要造訪就能享受價錢優惠的公告。

更進一步說明，如果把製作新菜單的影片，或店主努力尋找食材的過程也透過影片傳送出去，效果將會加倍。別忘了，顧客總是很煩惱今天要吃什麼，如果你能夠巧妙地解決顧客的難題，豈不是一舉兩得嗎？因此不要猶豫，立即引進系統，確保顧客名單，只有這樣才是活路。

用認證照證明你的親切

「如果座無虛席，請拍下監視器認證照上傳到社群媒體。」

「如果要候位，請先喝一杯熱茶，一定要拍照上傳喔。」

也要提醒一下，請記得在顧客臉上貼貼圖或打馬賽克處理。與我交好的老闆們都不會忘記做這件事，每天晚上七到八點左右都會把當天的監視器畫面截圖上傳到Instagram或Facebook上，跟大家說聲感謝。這樣的一張照片帶來的影響極大。

店裡顧客們熙熙攘攘還不夠，就連店外也排起了長長隊伍的餐廳，和沒有做出任何努力，只是一昧地等待顧客的餐廳，各位會選擇哪一間呢？人氣不是自己硬掰的，是要去證明的，只有拿出確鑿的證據，顧客才會相信。真正的親切是讓顧客不懷疑各位和各位的品牌。如果做了後悔的選擇怎麼辦？萬一吃虧了怎麼辦？對顧客來說這些是可怕的事。因此在充分搜尋、比較和分析後，才能決定是否要去。另外，

即使做出決定也無法完全消除這種懷疑。在顧客做好心理準備，直到到達現場為止，會一直投以懷疑的目光，抱著「我們走著瞧」的心態。

在這種情況下，如果可以透過監視器畫面確認現場所有情況，這種苦惱就會消失。但如果沒看到呢？人類透過視覺掌握83%的資訊，所以如果沒看到，就會不相信並懷疑，這是極其自然的事。背後的脈絡就是因為本能上絕對不想吃虧、拒絕損失。那麼你們的顧客會懷疑什麼呢？

1. 真的是用很好的食材嗎？

2. 是不是用地下水或自來水隨便清洗一下而已？

3. 廚房的衛生狀況是否良好？

4. 這筆交易會不會吃虧？

5. 真的是人氣很高的店嗎？

除此之外，還有數百種懷疑和好奇。所以，如果你想成為真正的生意之神，就讓我們一一解開這些疑團。

1. 將購買材料的過程以照片或影片的形式公

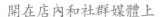

開在店內和社群媒體上

2. 哪怕是在菜單上，也要讓顧客看到使用淨
水器的樣子

3. 為預防食物中毒，備有殺菌砧板和紫外線
殺菌機

4. 列出與競爭品牌相比可以享受到的優惠
（積分或集點等）

5. 客滿。在社群媒體上上傳現場候位的實況
照片吧

最終，能夠抓住顧客的心、打開他們錢包的真正善
意，是將懷疑變成安心。為了避免因為錯誤的選擇而感到不
安，我們找出了「不後悔的五種選擇」來教大家。顧客無法
釐清自己的疑慮，這時候刺激也會發揮重要的作用。

吃飯或住宿期間，以及在醫院等待和接受治療的時
候，一一提醒「你現在是在懷疑這些吧？」的項目，並提出
對策和證據，讓他們安心。既然如此，就再加幾句可以徹底
打敗其他競爭者的臺詞吧。

「別人認為用自來水煮飯就可以做好生意，但我們不
是。就算別人不做我們也會做好。正因為是醋『飯』，所以

我認為飯是最重要的。」

　　SushiBukuro 的代表咸昇圭（音譯）的這三句話抓住了顧客的大腦，這是公開的祕密。

關注難以在家製做的食物

　　有很多人肖想著一夕之間發財，詢問有沒有什麼厲害的單品，真讓人難為情，為什麼大家都在找捷徑呢，默默經營了20～30年的人們聽到可是會生氣的。因為被問了太多次這樣的問題，激發了我的好勝心，開始進行分析。我們的專業是外食，那麼顧客們主要在外面吃什麼料理呢？不管男女老少，只要找到這個交集，應該會有答案吧？

　　我曾經在專欄中寫過這樣的內容。

　　像在家很難常做的烤魚等單品，會在辦公室密集區吃到，這一預測非常吻合。預測並不是在算命，是以當下為基準進行分析，並以此為基礎預測未來。白領階級，特別是男性，喜歡吃烤魚，而且一提到烤魚，首先想到的就是媽媽和奶奶。會聯想到用火棍從灶中取出煤炭後放上烤架，烤鯖魚和白帶魚的畫面……

　　我們透過食物吃回憶，但隨著生活環境改變，烤魚變得不容易。烤過二次就知道，很容易讓人成為被關注的對

187

象,所以大家都會看人臉色決定要不要吃,或者乾脆從家常料理中剔除。牛骨湯也是一樣的,一不小心就會買來整桶的牛骨和雜骨,威脅全家人要吃的母親也不在了。因此,經營這種菜單的店家相對來說比較容易受到不景氣的影響。

在家裡很難製做的食物有以下共同點:

1. 需要很長時間料理的食物
2. 材料處理起來很麻煩的食物
3. 食材會剩很多的食物
4. 難以烹飪的食物
5. 孩子們喜好兩極的食物
6. 給鄰居添麻煩的食物

想念就要吃,奇怪的是,愈是做起來繁瑣的食物愈讓人想吃。有項持續吸引人氣的料理,那就是炸豬排。請想想,有多少店在賣炸豬排啊!甚至是現在這一秒,可能又出現了新的炸豬排店。其實這裡面隱藏著一個祕密,因為炸豬排裡充滿了人類不易戒斷的營養成分:脂肪、蛋白質、鈉和糖分,就像綜合禮包一樣。再加上人們認為油炸的烹飪方式非常複雜、繁瑣、費用高,也對人氣發揮了很大的影響。很

少有外食集這些資格條件於一身。

　　無論是休息站還是美食街、餐廳，只要菜單中有炸豬排，基本上都會排進銷售前三名。不重複使用三次油，不混合使用新油，不使用最低等級的高麗菜，最基本的選項就是炸豬排。如果再加上在家裡做起來很麻煩的野菜拌飯之類的料理，就更錦上添花了。

　　相信閱讀金祐鎮商業系列叢書的優秀讀者會想起韓牛大醬火鍋和炸豬排，還有將炸豬排和自助拌飯搭配起來而備受喜愛的二位老闆的故事。厚厚的炸豬排加上拌飯和大醬火鍋，無論點什麼，單一餐點分別都要支付6000韓元到8000韓元（新臺幣約140到185元），所以等於多的那項是吃免費的，哪有不上勾的客人！在不破壞價格的情況下按摩顧客大腦的技術，不是誰都能做到的。更重要的是這些餐點都不容易自己在家裡做來吃。如果再加上衣索比亞產的美式咖啡，這樣的組合會更驚人！讓我們打起精神來關注吧。

很難在家裡做來吃的料理

直接煮來吃反而更花錢的料理

不是只有一點，而是二、三個優點一起達成

的話？

吃完後迫切想念家人，而想點外帶給他們吃
的食物

答案就藏在公式裡。

眼見為信

直到 21 世紀初為止，只要一提到服務業，大家會以為只要親切就可以了。雖然不知道親切的標準是什麼，但那時把親切理解為只要製作成手冊並照樣實行，顧客就會前仆後繼地上門來，打開他們的錢包讓銷售額上升。因此一提到「親切」，首先想到的是手冊、電話、微笑、公務員、上班族、以身作則、禮儀等單字。雖然無法預測結果，但有很多地方自治團體如果不做這種手冊就會感到有些不安，所以會去分析案例、製作手冊。但這種做法等於是連親切的「親」字都不知道怎麼寫的意思。

在平昌冬季奧運會前夕，我收到了韓國觀光公社的演講委託，想請我藉由談話向自營業者展示親切的真正意義。我爽快地答應並開始分析。遵循指南的行為本身並不是壞事，但是，這是只有在顧客已平均化的情況下才會發生的事情。只有顧客已平均化，內容固定的服務手冊才能發揮效果。

但是現在，如果把顧客平均化，店家是絕對無法生存

下去的。更重要的是，親切不是由提供者判斷，而是由接受服務的顧客來評價的。在接待顧客的服務中眼尾再抬高 5 度，嘴角再咧開 2.4 公分露出微笑，腰部按照 92 度彎曲，右手放在左手上，展現出「完美形象」沒有什麼太大的意義。

真正意義上的親切是消除顧客的「懷疑」。向用自制力武裝自己、對付錢感到不適的顧客親切地說「你的選擇絕對沒有錯。沒有必要後悔，連 0.1% 都不用。」

知道為什麼要寫在這裡給各位看嗎？因為如果不讓顧客看到的話，就會被排除在顧客感受到的親切名單之外。前作《做生意，用戰略》中也稍微提過，顧客只相信親眼所見的東西，即使用再好的材料製作了最好的料理，如果不直接或間接地展示其過程，顧客就不會上門。消除顧慮和懷疑的一切行為，這就是親切。

親切的漢字是寫作「親切」。親近的親，切斷的切。韓國國語研究院也回答道：「關於語源的可能說法有很多，但是因為沒有確切的語源資訊，所以很難給出明確答案。」本書採用起源日本的理論。幕府時期，犯下嚴重失誤的武士們以切腹自殺的極端選擇來負責。自行切斷腹部自殺是件痛苦而困難的事情，因為痛苦到近乎殘忍的程度，所以無法輕易

做出這樣的選擇。這時，至親的同事或心腹會為了消除其痛苦，而斬首結束他的生命，這是親切的行為。不管起源來自何處，只有一個明確的事實可以說明。

「親切是指消除別人感到痛苦的事。」

人類感受到的痛苦十分多樣，視覺、聽覺、嗅覺、味覺、觸覺上都能感到痛苦。其中最大的痛苦是後悔。一想起選擇錯誤的瞬間，就會痛苦到想掐自己大腿一百次的程度。除了後悔之外，感到巨大痛苦的另一個瞬間是支付自己擁有的錢時，嘴巴發苦，感覺腦子裡一團亂。付錢時伴隨著痛苦，痛苦到甚至讓人懷疑信用卡是不是就是因為這樣才出現的。

據腦科學家透露，對身體疼痛做出反應的大腦部位，在支付現金時也會做出同樣的反應。光是付錢的行為就感到痛苦，如果還吃虧損失了怎麼辦？顧客都知道，基於以往的經驗，自己每時每刻都在懷疑支付的金額是否合理，然後會去確認。隔壁的店點咖啡還會附贈手工餅乾，但是這間店卻沒有那種服務？這樣會感受到二倍左右的痛苦。上次聚餐的烤肉店第二天為了表示感謝傳來了星巴克咖啡優惠券，但這間店卻什麼都沒有？競爭對手還會讓顧客累積積分，但這間店卻在櫃檯用鍋巴糖打發？不行啊，這樣事情就嚴重了，已

@ 大田 我的家

為身障人士再建一個入口的親切和體貼。

「親切是指消除別人感到痛苦的事。」

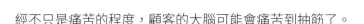

經不只是痛苦的程度，顧客的大腦可能會痛苦到抽筋了。

現在事情變得簡單了，如果不想讓顧客感到痛苦，只要消除他們對選擇的後悔、付錢帶來的痛苦就可以，這才是真正的親切。如果策略制定得夠詳細，顧客就不會感到痛苦，也不會後悔，並會認為非常親切而再次消費。讓我們一起尋找那些能默默展示自己真正愛著顧客的舉動吧。

問候語、一次性圍裙、礦泉水瓶、二支湯匙和招牌菜是最基本的，重要的是展示出誰用了什麼材料製作，這和掛在門口的視覺呈現是不同層級的。如果說前面掛著的影片或圖片是直觀的、讓人垂涎三尺的、突顯出菜單卡路里的，那麼親切就是表現出肉眼看不到的部分。員工微笑著接受訂單後，點開桌上的平板，再快步走向廚房。在此期間，店主必須透過平板毫無保留地展示自己為了買鹽翻遍鹽田、為了挑選魚蝦醬探訪地窖、為了購買優質稻米而造訪農夫的樣子等。

用超音波或50度的高溫清洗入手的食材，在殺菌砧板上切開、剁碎、煎、炒、煮、烤、炸、蒸等所有過程，在顧客等待上菜時展現出來。將顧客從懷疑、不安和可能遭受損失的痛苦中解放出來，才是真正意義上的親切。

我曾提議邀請數百名從事住宿業的人用蒸汽吸塵器打

讓我們一起尋找那些能默默展示自己真正愛著顧客的舉動吧。
總不能老是拿鍋巴糖打發顧客吧？

掃浴室。請站在顧客的立場上考慮一下吧，特別是飯店，男性會先確認床或電視，但女性會先查看浴室或廁所，因為擔心和懷疑之前可能有什麼習慣不好的客人使用了這個空間。這樣的話，我們就要展現出來，讓顧客能毫不懷疑。讓我們在浴室的門上貼一張護貝好的告示，秀出老闆用蒸汽吸塵器打掃的照片。

「這個世界上有二種汽車旅館。用清潔劑打掃的，和為了女性顧客用蒸汽吸塵器清掃的。」

用分組果斷地把商業界分成二類。也就是要暗示「除了我以外，應該沒有人這麼做吧？」以及在LG蒸氣電子衣

將顧客從懷疑、不安和可能遭受損失的痛苦中解放，
才异真正意義上的親切。
不是給的更多這點親切，
而是消除了顧客的痛苦和懷疑這點讓人感到非常親切。

櫥被開發出來後，我也推薦給了住宿業和葡萄酒專賣店、韓式定食店、日式餐廳、美容院等多處，業主們正在享受這種科技帶來的幸福。

即使不提行動經濟學，這也是一種親切。不是給的更多這點親切，而是消除了顧客的痛苦和懷疑這點讓人感到非常親切。說再多也沒有用，即使再怎麼強調自己很努力，如果不表現出來讓人看到，就無法讓顧客擺脫懷疑。

好，該推最後一把了。在親切中最有力的武器，就是展示「我家有多受歡迎」。近來，自營業者可以透過智慧型手機24小時觀看店內，把這截圖就行了，當然是有客人在座的情況。座位上坐滿了顧客、員工們忙碌地服務著，外面的客人們正在候位等待，把這樣的照片作為證據，才能完成所謂的親切。還有，分享顧客在享受我們的產品和服務後感到滿意的留言，再次拿出證據證明我們家的人氣有多高。

我也再次強調。**要展現出來，顧客才會相信。這就是親切。**

別給顧客看背影
星巴克覺醒

　　星巴克是隻恐龍，規模也好，認知度也好，粉絲團也好，都很可怕。但是，在韓國販賣文化、在本土販賣咖啡因的故事具有很大的象徵意義。咖啡是為提神而喝的飲料，忠於這種本質的就是星巴克，喝完這裡的咖啡頭腦會特別清醒。也許正因如此，在韓國星巴克的分店中銷售額最高的地方，是仁川機場中央店，可能是因為有很多人想喝咖啡醒醒腦吧。其次是首爾光化門、武橋洞、Central City、Coex mall 等，這些都是有很多想清醒的顧客的地區。

　　咖啡因對咖啡十分很重要，不是一般的苦澀咖啡，而是含有咖啡因的咖啡，發揮正常提神作用的咖啡很重要。聽課的人中經營咖啡廳的老闆不在少數。那就集中只提二點，咖啡因和角度。

　　說到角度，有一個必提的品牌：連星巴克粉絲也認

可、正在慢慢準備「顧客遷移」*（customer migration）的藍瓶咖啡，它建立口碑的速度非比尋常。咖啡界的蘋果──藍瓶（Blue Bottle）是 2002 年在加州奧克蘭的一個車庫中，由交響樂團單簧管演奏家詹姆斯‧弗里曼（James Freeman）創立的公司。他們以手沖咖啡作為武器，不是像機器人一樣壓出來的咖啡，而是慢悠悠地手工沖泡的咖啡，透過表演和味道讓人感動，以驚人的速度建立起了粉絲層。

星巴克和藍瓶的概念完全不同。

藍瓶非常簡單，顧客和員工都可以專心在咖啡上。第一次光顧美國和日本的藍瓶店面時我嚇了一跳，渾身起雞皮疙瘩。他們從我進入店裡和我交流的瞬間起，到遞上咖啡結束為止，幾乎看不到他們的背影。店員的溫度和香氣就像咖啡一樣。

這與一般咖啡店在點完餐後轉身與咖啡機搏鬥的樣子截然不同。也許你會一笑置之，認為因為製作咖啡的方式不同，當然只能這樣。但是，即使需要更多的時間，從顧客的立場來看，付錢點了自己要喝的咖啡後，店員在眼前自信地沖煮咖啡的樣子更有價值。

他們偶爾會看著我的眼睛微笑，但始終目不轉睛地盯

著濾杯。就像製作作品一樣,小心翼翼地注入熱水,觀察咖啡的反應,這樣沖煮出的咖啡,沒有哪位客人會輕率隨便地接下。客人會用雙手接過為自己傾注了全部心血沖出的咖啡,輕鬆地走出店門。

星巴克受到了衝擊,然後開始尋找問題根源。雖然被大衛揍了一拳,但歌利亞並不輕易倒下[**]。在日本東京銀座,星巴克典藏門市 Starbucks Reserve Store 座落在近來蔚為話題的銀座 GINZA SIX 大樓裡。在那裡,嶄新的星巴克正在開始。咖啡豆的價格不菲,讓人驚呼,但因為沒有可以比較的對象,價格決定權完全由 Starbucks Reserve 負責,單品咖啡只是輔助而已。

為了要達到「大眾咖啡的高級化宣言」的定義程度,星巴克進化的 DNA 和幅度大得無法想像,從訂購方式開始就和從前截然不同。原本僅以咖啡種類和大小進行的訂購流程,加入了雖然相當複雜但體貼顧客的部分,甚至可以選擇

---

[*] 指顧客從一個細分市場轉移到另一個細分市場,形成一個顧客群體,使公司能識別和接觸對產品或服務有類似需求和期望的現有或潛在顧客。
[**] 引用以色列牧羊人大衛打敗巨人歌利亞的聖經故事,將星巴克比喻為咖啡界的巨人,而藍瓶為挑戰他的凡人。

咖啡豆和咖啡的萃取方式。咖啡師讓顧客聞香是一種全新的方式，過去由顧客自行判斷和決定的行動，現在則是讓員工也參與在內。這些人似乎也察覺到了這樣做價值就會上升。

哎呀，這麼一看，空間布局也不是以前的星巴克了。替換掉靠著牆排成一排的結構，改成中島型桌子，以ㄈ字型或口字型構成空間，看起來立體多了。排成一列說「立正稍息！」的樣態已不復見，取而代之的是傾聽顧客話語的工作人員。

最讓人高興的是店員詢問我想不想看沖咖啡過程。不僅要拍照，還會想站在顧客的立場上親眼確認一下過程。每種咖啡豆都有指定的咖啡師，顯示出專業性。和店員的交流非常珍貴，他們幾乎誠實回答了所有問題。

以前的星巴克咖啡師們覺得自己就像前星巴克CEO霍華・舒茲（Howard Schultz）一樣，沒有笑容、很生硬、公事公辦……雖然過於片面，但Starbucks Reserve Store卻不同。咖啡師不是戴臂章的長官，是為了滿足顧客而選擇的道路，但他們過去忘記了這一點。好的，現在咖啡做好了，這位和善的店員先試了一下味道。咻嚕～啜飲一口，並安靜地露出燦笑，這是沖煮出了令人滿意的咖啡的信號，還有什麼好說的嗎！時隔許久，顧客用雙手接過咖啡並道謝。

@ 藍瓶

藍瓶有著讓顧客和店員都可以專注在咖啡上的氛圍。
店員們從與顧客進行交流的瞬間起,到遞上咖啡結束為止,
幾乎看不到他們的背影。

「辛苦了！」（お疲れ様でした！）

取代「謝謝」的是在不知不覺間蹦出的問候「辛苦了」。為他的勞動、說明和親切的溫度支付了費用，一毛錢也不覺得可惜。

提到背對是有理由的，如果不想背後中刀，千萬別背對顧客。轉身露出後背的瞬間，就會被匕首射中。

5 為什麼為什麼為什麼？
請問三遍
從設計到實踐

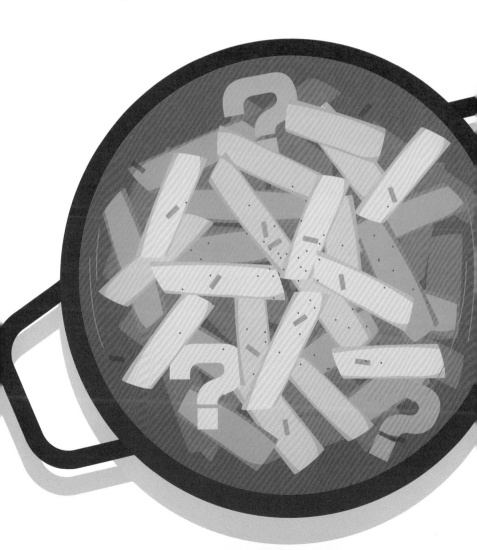

為什麼為什麼為什麼?
請問三遍

「銷售額沒有上升。」

「找人太困難了。」

「租金好像被敲了竹槓。」

無數個透過電子郵件和訊息傳來的故事⋯⋯用一句話概括就是「我想賺錢」。因為與投入的資金相比,沒有得到相應的收穫,覺得傷心,血壓也會上升。本來就無情的世界,滋味嚐起來更不是一般的苦澀。

普通自營業者即使有煩惱也沒有地方可以詢問,因為這是沒有指導者、教練、經紀人參加的商業遊戲。就算是在教育機構上班的人也會有老師或同事,但是自營店家連想都不敢想。即使因為銷售額沒有提升而和周圍店家一起喝酒,也找不到答案。因為彼此的苦惱和問題都差不多,所以說來說去答案也就那樣。即使感到痛苦也只能訴苦,沒有能依靠的牆。這時需要的就是「為什麼?」

答案隱藏在這個單字裡，它發揮了很好的急救藥作用。只要問三次「為什麼」，就會有頭緒，茫然的苦惱也會找到具體線索。

首先，「為什麼銷售額沒有上升呢？」

這個問題的答案要翻遍整個過程才能找到。不能是抽象且模棱兩可的「不好吃」、「不親切」、「沒有理由一定要去」這種答案。

銷售額沒有上升的原因是「沒有客人」。如果客人經常來，銷售額通常不會減少。那麼，「為什麼客人不來呢？」，第二個「為什麼」開始了。請捫心自問，為什麼？到底為什麼？因為與其他店相比，沒辦法給出優惠。什麼優惠？如果是同樣的價格，顧客會選擇充滿權威、服務、親切、豐盛、氛圍、有積點等的店家。顧客沒時間和金錢可以浪費去為蹩腳的店主加油。

重複一次，顧客無法容忍業餘人士。那麼「為什麼我們家給不了顧客優惠呢？」第三個「為什麼」，因為不知道顧客想要的，表面上擺手說沒有，但卻不停地計算。貸款、租金、押金、食材、人事費⋯⋯這就是為什麼無論如何也拿不出新的、驚人的、能夠重新找回樂趣的武器。在刀削麵或

牛骨湯中加入二種泡菜，家常套餐中有六至七道菜，五花肉店有肉、生菜、茖蔥、拌蔥絲、湯、魚醬。雖然想多給點，但大腦會勸阻：那樣會出大事的。但是當去到其他店家時，腦子就會180度大轉彎。

「哎，就只給泡菜嗎？我去了清溪山，那邊除了提供大麥飯，還有蘿蔔纓泡菜可以拌著吃。」

這不是當然的嗎？你以為別人都和我一樣嗎？因此85%的店家會在三年內關門。現在不是遵守理所當然的事的時候，為了讓顧客站在我這邊，現在什麼都得做。只要顧客得到的是比他們支付金額還低的價值，你就一定會在他們的腦海中被抹去，抹得乾乾淨淨。因為又不一定只有你的餐廳能去，還有很多地方可去呢。

再問幾個問題吧。

為什麼找不到人？因為這不是員工想工作的職場。為什麼不是他們想工作的職場？因為工作不有趣。為什麼感受不到樂趣呢？因為別人給多少自己就付出多少，也沒有發展性。

缽山蔘雞湯這類給店長薪水比給老闆的還高的店家，不是光用嘴巴說是「家人」而已。家人會真心照顧他的未

來，例如支付外食教育課程的費用，用其他人員填補空缺，祈求他成功。為什麼顧客和員工都不跟著你？你已經知道答案了。

像對待家人一樣對待對方，這些只是嘴上說說而已的約定，都沒有意義。

再多給一點就可以了，多給點、多賺點就行了。即使經濟不景氣，成功的CEO們也會毫不猶豫地將店長或員工送到專門教育機構接受外包培訓。在店長培訓中認識的朋友們，大部分都是備受矚目的品牌職員。

他們的眼裡發出雷射光，並不是要報答給予培訓機會的老闆，而是從表面就可以看出他們想要學習正確的服務和行銷的熱情。思考一下吧，如果你是客人，你會在這些受過專門培訓的員工服務的地方，和沒有這些員工的地方中選擇哪一個呢？

這是每小時只賺1000～2000韓元而瑟瑟發抖的老闆們絕對無法理解的可怕的戰略。這麼受到看重的員工們，你應該很好奇最終會怎麼樣吧。在創建第二品牌或開設直營店時，他們將會被調到第一線，也就是提升到非常好的條件。

白1965年以來從未出現過赤字的未來工業（Mirai Industry）創辦人山田昭男的故事，具體展示出對待員工的

正確哲學。

「人類不是馬。不需要用鞭子，只要給胡蘿蔔就行。猴子得要先耍把戲才能餵食。但是人和動物不同，只有先得到胡蘿蔔，心情變好，自己才能更加努力工作。」

顧客管理系統的威力

　　如果你選擇在短期內提高銷售額、提高顧客忠誠度的方式，就要選擇Dodo Point、Kasol（Kakao Plus朋友解決方案）、Tmon Plus、Regular Plus、Anystamp、Now Waiting 等顧客管理系統。前來諮詢的店家，不管用什麼方法我都會讓他們使用顧客管理系統。世上的餐廳多不勝數，競爭非常激烈，離開我們店的客人很容易從此成為陌生人。在銀河般的眾多店家中，沒有理由非得點名去你的店，所以每天都沒有人排隊上門。

　　讓我們再回憶一次。人類在一個小時後就會開始忘記所掌握的資訊，不管再怎麼拼命地找食材、整理食材、做菜，只要顧客不知道，就不會來。從這個意義上來講，如果反復向顧客宣傳「我的」品牌，給予競爭者沒提供的優惠，各位當然會成為勝者。如果有一個人，即使商圈條件再怎麼差、人流再怎麼少也能微笑著提高銷售額，那麼他絕對有在使用顧客管理系統。

為還沒聽過這個詞的朋友們簡單說明一下⋯⋯顧客管理系統是指在櫃檯旁邊設置小顯示器，為顧客累積積分的服務。只要完成簡單的註冊程序，就會逐漸累積積分。不僅女性顧客，在年輕男性中也很受歡迎。不想參加的顧客結帳完就可以直接離開，沒有強制參加。

那麼業主這邊能享受什麼優惠呢？對於每個月要繳納二到三萬韓元的貨款卻未能取得顯著生意成效的人，我想提供一個「祕訣」。

以下是聽課的學員在現場應用的實際案例。向公開珍貴商業祕密的各位同志點頭致謝。

尹東哲（京畿道南楊州市，時越愛橡實）

向首次註冊並在15天內再度光臨的顧客傳送簡訊，免費贈送價值2500韓元的鍋巴（新臺幣約60元）。期間內的再訪率提高了15%，因為這項額外服務，鍋巴的銷量也有所成長。正在考慮今後引導顧客加入Kakao talk好友，以其他服務項目提供優惠。加入Kakao talk好友可以省下發送Dodo Point訊息的費用。

李在勳（首爾金湖洞，豬美學）

1. 為誘導顧客首次註冊及再訪，首次註冊時贈送10%優惠券（一個月內可使用）。

2. 比起對金額進行折扣，選擇用集章優惠券的概念，無論金額多少都可以累積1點，每累積到3點、6點、9點就可以使用一次，縮短累積積分的時間，增加顧客兌換時的成就感。

3. 店裡舉辦活動時，透過顧客資料庫發送通知訊息，獲得了快速的宣傳效果。（立即查看訊息並重新到訪）

正在考慮只要顧客提供電話號碼就會自動累積積分，可以透過Kakao talk傳送顧客目前持有多少優惠券的資訊，以此方法取代一般外送時提供的紙本優惠券。因為攜帶紙本優惠券很麻煩，也會有丟失的情況，這樣能自然而然地收集外送顧客的資料庫，期待以後能傳送活動簡訊。

金泰鎮（慶尚南道昌原市，Saya）

　　30～50多歲的主婦們對集點非常敏感。邊累積點數邊確保顧客資料庫，並利用去年的數據，在銷售額相對下降的時期發放折扣優惠券和服務優惠券，提高銷售額，回收率達到6～8%，從行銷方面來看效果非常顯著。再加上活動可以和優惠券同時進行，所以不用花廣告費也能看到廣告效果。而Dodo Point可以知道顧客的生日，所以還可以向當月的壽星顧客發送禮品券。

Tmon Plus應用程式

　　1. 打開去年的銷售數據，嘗試進行銷售額相對下降的週一／週二行銷。主菜打八折或一萬韓元優惠券限定在週一／週二才能使用，使月銷售額最大化。實際嘗試後，週一／週二的銷售額上升了25%，與前一

年相比，11月的銷售額上升了10%。

2.Tmon Plus 會向 120 天內未到訪的顧客發送特別的半價優惠券，讓向外流失的顧客重新回憶起店家。

最終最能吸引顧客前來的，是親自撰寫的部落格＋Facebook＋Tmon Plus 並行，顧客來店後用禮物和真誠引導顧客再次造訪，所有方法一起作用下，才能獲得銷售額。

對於給出如生命般重要的特級祕訣的「生意之神」們，我再次向他們低頭表示感謝。為了呈現真實感，盡可能將他們的說法原封不動地表達，希望各位能理解。

歸根究底還是實行。嘗試、觀察、修改、完善、重新嘗試並觀察……嘗試的話勝率就會提高，訓練出有韌性的肌肉。如果一次都沒有嘗試過，建議先去他們的店裡看看。想像一下，如果這些可怕的專業人士在各位的店旁邊開起店，真是件令人心驚膽顫的事。

鍋飯是偉大的

　　飯就只是飯，盛在碗裡的飯，誰也不會把飯看得更重要，所以很難賣到2000～3000韓元。無論怎麼摻入雜糧、加入藜麥，再怎麼「誇大其事」，在餐飲業中，飯都只是空氣般輕盈的存在。

　　我經常強調「餐廳的飯一定要好吃」，答案就在這篇文章裡。即使飯煮得再好，如果悶在不鏽鋼飯碗裡，就會因水滴凝結現象而讓人失去食慾──即使用最高級的白米加200%的誠意煮出的飯也變得黏黏糊糊的。那麼，最好吃的飯是什麼呢？奶奶生柴火燒給我吃的飯嗎？媽媽在爐子上煮出的鍋飯嗎？如果都不是的話，難道是妻子在新婚前半年用高壓鍋煮給我吃的飯嗎？這些飯的共同點是：新鮮剛煮好的飯。

　　那我們如何將這一經驗傳達給顧客和行銷呢？如果能像清涼里的光州餐廳一樣一鍋一鍋煮出鍋飯就好了，但這可不是件容易的事。另外，無論老闆多麼有熱情，如果說服不

了員工那就前功盡棄了，更改系統並不是像翻硬幣那樣容易的事情。想最大限度地提高顧客的滿意度、提高銷售額，和減少員工工作量，只有二個方法，一個是使用速食飯，第二個是引進鍋飯機器。

雖然有些人會噗哧地笑出來，如果沒有一次性容器，前者會是非常有意義的挑戰，剛從微波爐裡拿出來的速食飯好吃到無法想像。一般營業場所很少有人能煮出這種程度的飯，有些烤肉店正在嘗試，迴響還不錯。顧客只考慮售價，因為本來就知道超商或超市的銷售價格，所以不會吝嗇於付2000韓元買一碗飯。但是在普通餐廳操作確實有些困難，飯的定價很難超過1000韓元。

鍋飯的故事就不同了。最近能在六分多鐘的時間內完成鍋飯的機器陸續登場，只要按下按鈕就能煮好飯，在客人桌子附近釋放鍋內壓力，發出「嘶～」的聲音，引起聽覺和嗅覺的關注。聽到聲音後，四周的顧客紛紛拿出智慧型手機拍照，忙得不可開交。

想想看，如果這碗飯是不鏽鋼碗飯，誰會想花力氣拍照呢？這是毫無可能的。當然，煮飯機的價格有點昂貴，便宜的約要500～600萬韓元（新臺幣約12～14萬元），特A級的超過1000萬韓元（新臺幣約24萬元）。如果是處於銷

售停滯期的餐廳，我想帶著便當過去強調，現在馬上引進鍋飯吧。

我們來描繪一下這幅場景吧。售價都是7000韓元的牛胸肉大醬湯店，其他的小菜都大同小異。但有一家給的是不鏽鋼碗裝的飯，另一家給了鍋飯，各位會選擇哪家呢？叮咚～大概100%會選擇鍋飯。這是有理由的，顧客的枕葉（Occipital Lobe）正不停地計算，鍋飯要付多少錢才吃得到呢？

1000韓元？不錯啊……2000韓元？這價格的話會猶豫要不要點。但如果售價為7000韓元的牛胸肉大醬湯免費附上鍋飯？當然沒有理由拒絕。從顧客的立場來看，這是值得感謝的事。在這樣的店裡，客人肯定不會做出扔金融卡這樣無禮的行為。只要收回了比自己付出的金額更多的價值，顧客就會安靜地低頭，臉上露出笑容。

還有，鍋飯的魅力在於它並不單調。光是打開鍋蓋，小心地把飯盛在盤子上就開始令人心跳不已了，會反射性地觀察配菜和鍋，制定攻略的順序，將熱水仔細倒入鍋中再蓋上鍋蓋。觀察一下顧客，他們會像進行儀式一樣，動作優雅而小心。通常會把調味醬塗在飯的邊緣輕輕攪拌，舉起湯匙輕輕地刮，很少看到客人亂攪。有人會加入蔬菜拌飯，有人

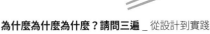

會放上肉類和海鮮做成蓋飯。

到這邊就已經不是鍋飯了。最後，將飽足感提高到最大值的鍋巴是支撐鍋飯的堅實後盾。與一般的飯不同，剛煮好的米飯＋鍋巴擴大了顧客滿足的範圍。顧客之所以喜歡鍋巴，是因為它不僅有味道和回憶，而且也知道單點鍋巴的價格接近3000韓元。

如果你在這個時候還在考慮營業額和成本，以後就很難存活下來了，因為對鍋飯抱有積極正面形象的顧客們將一一離開。如果要給你一個提示的話，在加點鍋飯時，可以放上山薊菜、馬蹄菜或乾菜將價格提高到2000～3000韓元，又或者還有其他更好的創意。

已經投入應用並受到喜愛的有短毛牛防風菜，這是曾端上皇帝御膳桌的蔬菜，但因為很多人還不知道，現在馬上引進吧。就像鍋飯代替白飯的作用一樣，用短毛牛防風菜代替山薊菜或乾菜，至少能提高1000韓元的單價。

最後我們來計算一下。以價值800萬韓元（新臺幣約19萬元）的鍋飯機器為例。假設每日有100名顧客來，使用三年後將機器廢棄處理，請計算一下吧。

鍋飯不單純只是鍋飯。
與一般不銹鋼碗裝的飯不同，
剛煮好的飯＋鍋巴將會擴大顧客的滿意程度。
市場就是這樣掌控的。

8,000,000 韓元 ÷100 人 ÷1095 天（365 天 ×3 年）
＝73 韓元

這裡只計算了最基本的鍋飯機器，其他的人事費和額外鍋子的價格除外。

如果每人投資 73 韓元（新臺幣約 1.7 元）就能把

白米飯做成鍋飯的話，這種程度的投資應該沒問題吧？銷售額是不會輕易上升的，如果能夠搶到競爭對手的一位客人，自己和對手之間就會產生二人之多的差距了。市場就是這樣掌控的。

外帶的魔術

「沒有需求我們也能製造出需求」

「即使是不想買的東西,也能讓人想買它。」

「做生意,用戰略・金祐鎮學院」的人們抱著這樣的想法生存著。不是坐等回報、想取得別人點子的小偷「心眼」,而是為了想出「怎樣才能給顧客更多優惠,我也能賺更多錢」的想法而無暇休息,甚至研究在睡覺期間也能提高銷售額的方法。只有比一般的自營業者更誠實二倍、更傑出三倍、抱負更遠大十倍,才有可能實現。

在店面以外的地方甚至睡覺時也能提高銷售額,才是真正的企業家。看到那些看不起和詆毀生意的人實在讓人鬱悶至極。連自家店面所在的巷子、社區、縣市的生意都吃不下來,每天開口閉口就是滿嘴生意經、生意人、企業家。擺臭架子不是在經營事業,在別人都睡覺的時候也能賺到錢,讓家人、員工、顧客都感到幸福,這才是真正的經營事業。我們要制定出這個作戰計劃。

競爭很可怕，不論是線上還是實體店面，競爭會逼得利潤率惡化，如果可以的話，最好從競爭市場中脫身。設計不只是針對產品，也要導入商業模式中，價值才會上升。讓我們從只集中於店面銷售的方式中跳脫出來吧。

向顧客發送新的訊號來創造需求，只有這樣，才能以他人難以想像的方法提高銷售額。訊號有二種，使用至今我從未失敗過。接下來要介紹比鑽石還珍貴的二個單字……

外帶＋外送

不能集中在最近流行的外送嗎？沒有不行。但各位不太可能現在開始就能掌握像外送的民族這樣的應用程式並抓住顧客。已經連續幾年獲得外送獎項，並被選為優秀營業場所（當然是以外送的民族為標準）的「送貨的國家代表們」入門門檻非常高。

外送的民族已經進行了太多培訓，選手層也很厚，與他們展開競爭並控制外送員並不是件易事。如果各位冒著生命危險去挑戰，他們肯定也會拚命守護，這不是場容易的遊戲。

@ 豬腳沙龍

如果不想在二、三年後後悔的話，現在馬上引進外帶制度吧。

也就是說，要比別人先為「外帶的民族」時代做好準備。

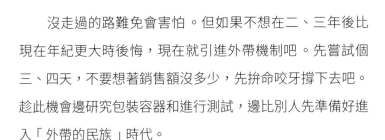

沒走過的路難免會害怕。但如果不想在二、三年後比現在年紀更大時後悔，現在就引進外帶機制吧。先嘗試個三、四天，不要想著銷售額沒多少，先拼命咬牙撐下去吧。趁此機會邊研究包裝容器和進行測試，邊比別人先準備好進入「外帶的民族」時代。

但是，如果像現在的競爭對手一樣推出「外帶折5%」、「外帶折10%」的話，被客人嗤之以鼻也只是剛好而已。在店裡用餐的話，可以要求湯、小菜、水、湯匙、餐巾紙等許多服務，顧客不會因為僅僅5%～10%的價格折扣而決定要外帶。

我知道一提到打折、折扣，人們就有過敏反應。那該怎麼辦呢？生意之鬼們已經擴大了外帶的折扣幅度，構建了多重收益模式。

「什麼，要我給出30%折扣嗎？那我們還剩下什麼呢？」

一提到折扣率，人們就會變得敏感，並瞪大眼睛。從來沒有認真做過的成本計算，這時就會在一剎那計算完畢。即使和員工們一起堅守一年，全力以赴，但繳完稅後也只剩大約20%左右（最近更進一步惡化），因此對折扣非常敏感。

這樣賣吃的
成為活下來的那**5%**

집에 먹어 서도 봐요

좋은건 나누워 먹어야 제 맛!

- 갑부탕 -

자녀를 위한 **갑부탕 16% 할인**
2인용 ~~₩24,000~~ → **₩20,000**

- 석갈비 -

배우자를 위한 **석갈비 23% 할인**
2인용 ~~₩26,000~~ → **₩20,000**

- 양념갈비 -

부모님을 위한 **양념갈비 30% 할인**
3인용 ~~₩39,000~~ → **₩27,000**
6인용 ~~₩78,000~~ → **₩53,000**

@ 大田 gabbubonga

什麼都不做的話，什麼都不會發生。
如果堅持以現在的模式營業和經營，
銷售額就會被已經開始做外帶的龍頭集團搶走。

	店內銷售	外帶 （占總銷售量的20%時）
食材	40%	40%
租金	10%	2%
人事成本	25%	5%
其他費用	5%	1%
利潤	20%	20%
包裝費用	0%	10%
		22%

　　所以我提議，換個算法吧。反正拚命工作也只剩下
20%利潤的話，就要180度轉變想法，抱著哪怕只留下20%
也好的覺悟來制定生意藍圖。

即使是外帶，也不是沒有租金和人事費，但是與店面營業相比一定會少很多。從算術上看，根據外帶的銷售比重，所需費用也會有所不同。到目前為止，租金 10% 完全是為了經營店面而支付的，如果外帶上升到總銷售額的 20% 左右就要加入計算。因為是五分之一，所以 10% 的租金中，有 2% 應該以外帶的租金計算。

但是……現在開始的外帶會成為現在店面銷售額的加分因素，先不算也沒關係吧？人事費也是一樣的，如果一天能賣 100 人份、200 人份的話，就要多投入人力，但是那個到時候再算吧。也就是說，先以目前有的人力執行，因此結論是，即使在包裝容器上投資 5〜10%，也可以充分享受到 22〜25% 的折扣。要做到這種程度才會有外帶的樂趣。

如果一萬韓元的炒小章魚賣 9500 韓元或 9000 韓元的話不會想買，但是賣 7500 韓元的話就不一樣了。不過這個折扣只適用於在店內用餐的顧客。如果再加一個條件，就是只能按照在店內點餐的人數來安排外帶（幾個人內用，就只能外帶幾人份）。如果三個人來，要求在店裡吃二人份，外帶走五人份，那麼運用這個戰略就毫無意義了。

資本主義社會是零和賽局，被別人吃掉的話，自己吃到的就會減少。如果各位仍堅持現在的營業方式和經營方

式，那銷售額就會被已經開始做外帶的龍頭集團搶走。你不好奇這些店發生的事嗎？如果把稱霸在各商圈的「生意之神」的故事都說出來，你可能會被嚇得瑟瑟發抖。不要再讓顧客和商圈被搶走，一天五份也好，先開始做外帶吧。

什麼都不做，就什麼都不會發生。

稱霸全國的技術

如果能為了進入網路商城而建造工廠就太好了，但是這非常複雜。「哎！」我為那些放棄的人準備了一個小祕訣，那就是宅配，這是指接到電話或簡訊後配送的系統。曾在自家餐廳吃完飯後愉快地離開的顧客搬家了，想要重新來店裡或點外帶的話距離太遠，這是為了那些想再吃一次的顧客們準備的方法。還想再吃曾在束草吃過的蒸饅魚，我立刻上網搜尋了，但是無法網路訂購，那就只能打電話了。

「喂？是OO蒸鰻魚嗎？上次吃過覺得很好吃，請問可以宅配嗎？」

準備好的朋友們會回答，

「當然了，請告訴我地址。需要幾人份呢？」

但是對於大部分沒有準備好的人來說，

「快遞嗎？哎，我們沒有在用它配送的」咔嚓掛電話！

其中當然也有很多理由。例如容易變質的食物有些人

會覺得麻煩而不想宅配，有些人覺得外觀會亂掉或完成度下降，所以乾脆連想都不想。

但是，全國無數品牌利用宅配這一優秀的系統成為了富翁。雖然經常強調「做生意，用戰略」，但事實上，只有一一完成這些系統，才能達到引領業務爆發性成長的事業階段。

在600萬個自營業者中，經營餐飲業的有60萬，能堅持三年以上的，只有9萬人。雖然很傷心，但這個數字包括那些勉勉強強只是撐著不停業的人。其中專門做外帶的人約30%，也就是2萬7000名，這是抓得非常寬鬆的數字。

本章想要集中討論宅配，正在認真做宅配的人大概有5%，也就是4500人左右，比預料的少得多。我們至今對這麼大的市場視而不見，自我安慰，總是有很多藉口。

1. 完全不知道該怎麼做
2. 法律上沒問題嗎？
3. 包材的準備不容易
4. 萬一出事了怎麼辦？

　　有些更勤快一點的人，每年銷售額接近十億韓元（新臺幣約2300萬元），但我們卻對此視而不見。為了尋找這個問題的解決方法，我會見了中原的武林高手，在此向傳授祕訣的師父們表示感謝。目前在韓國擁有最多米其林星星的主角是林正植廚師，他的妻子李如英代表是一位卓越的企業家，推出月香、朝鮮生魚片店、和平屋等品牌都大獲成功。

　　在這些店當中，向月香供應米腸的是權龍國廚師。在社群媒體上看到這個消息後我起了雞皮疙瘩。到底該有多好吃，世界級廚師和他的妻子才會選擇這位廚師做的米腸呢？疑問一個接一個浮出。他們應該找了不只一、二個地方，而他的米腸品質好到可以委託供貨嗎？物流呢？在接二連三的疑問湧現之後，我聯繫了對方。果然是宅配，還有就是系統。如果粗製濫造地製作或配送米腸，這生意是絕對做不成的。當時的提問和回答仍然歷歷在目。

「代表～你做宅配嗎？」
「是的，我有在做宅配。」
「你是以什麼契機開始提供宅配服務的呢？」
「看到那些很紅的湯飯餐廳也同時進行外帶和宅配業務，所以就開始了。不僅是仁川，我想賣到全國。」

「會在哪些地方銷售（網路商城等）呢？另外，我也想知道店內銷售與店外銷售的比例。」

「店外銷售初期是在『FOOD MARKET』、『Yorivery』等平臺上，現在只在Naver Shopping販賣。如果把總銷售額定為100%，目前店內的銷售額占30％＋外送銷售額50％＋網路銷售額20％。」

「你在尾牙時節推出了米腸的包裝禮盒，這是宅配或外帶的一環嗎？」

「是的，這是有在銷售的產品，今年將更加注重影像和商品標籤包裝。」

對，這就是答案。

全、國、販、售

只要是味道和品質都具備的人，不要猶豫，要以全國作為對手。外送最多只能覆蓋五公里左右的範圍。當然，外送選手們可以到處「插旗」，擴大範圍，但無法覆蓋全國，全國的答案是宅配。一般會認為店內銷售額只有30％低得離譜，但靠著占一半的外送和有意義的20％網路銷售額堅持了下來。20％！我們覬覦的隱藏市場就在這裡。有很多宣

傳的方法，但現在不是 1990 年代，在當今世界，無論何時何地，只要有智慧型手機就能接收刺激、獲得資訊、進行比較搜尋後，透過幾次點擊就能完成購買並收到食物。

宅配箱送達時的激動和喜悅大家應該都知道。不安的懷疑像雪融化一樣消失，急忙打開包裝，啊～除了訂購的產品之外，還有意想不到的禮物和手寫信，讓人十分感動，還沒吃就覺得很好吃。能贏得顧客的最佳祕訣就是宅配。所以現在就開始吧。

無論是誰，只要敢做夢，就能成為萬石炸雞[*]（만석 닭강정）。

---

*將原本在市場販售的炸雞，以宅配方式賣向全韓國的代表性炸雞品牌。

睡覺時也能
提高銷售額的方法

　　外送市場的競爭彷彿是一場戰爭，為了讓自己的店排名更靠前一點，向外送的民族支付數百萬韓元。隨著市場過熱，競爭者的差距縮小了，因為所有人在升級時都提供了類似的服務。

　　「競爭者愈來愈像」的說法似乎是對的。大家手寫感謝信，製作關懷包、貼心小禮等，裝好一次性手套、圍裙、牙線、漱口水、髮圈等。老闆的評論回覆很重要這點也透過培訓課程被傳開，之後老闆們回覆了數百、數千個貼文。站在第三者的立場上來看，我的心情很沉重。競爭會更加激烈……如果不懂得提高自身價值，最終會展開肉搏戰……

　　所以在反復思量後，還諮詢了業界最優秀的專家，我找到了个僅仕商店開門的時候賺錢，還有在放下鐵捲門到第二天開門之前，即使在睡覺期間也能提高銷售額

的方法。

　　筋麵的代名詞、榮州 NADRI 辣味 Q 麵代表鄭熙允（音譯）很早就進入網路市場。為了自行生產配送給顧客的產品，必須取得食品製造許可和郵購許可。另外每個商品還要提交各品項的製造報告書，組合產品、要自行銷售（在 Naver Smart Store*上等）還是選擇銷售代理公司。

　　如果覺得直接生產有負擔而選擇 OEM（Original Equipment Manufacturer，代工）方式，就應該委託給設施齊全的製造工廠。當然，如果訂單量少很容易被拒絕，但現在放棄還為時過早，我稍後會講到這一點。如果想進軍網路市場，就要著手分析競爭者，透過搜尋其他人以什麼價格銷售產品等，直接購買、品嚐並分析產品，制定出差異化策略。NADRI 辣味 Q 麵從一開始就堅持「最初」和「權威」的頭銜。

「辣味 Q 麵首次線上銷售！」
「麵食菜單首次購買好評突破 9000 則！」
「上架 Naver Food 後蟬聯 18 個月健康零食區前 30 名!」

因預期家庭調理食品的市場會持續增長，決定將韓國

最好的辣味Q麵品牌繼實體店面之後，又擴展到線上。世界廣闊，可以賣的東西很多，鐵板雞排、辣炒豬肉、辣炒章魚、米線等商品和市場都敞開大門，請各位也挑戰一下吧。

但是網路食品市場也處於因「領頭羊」們而飽和的狀態，因此只有加強差異化口味、成分和品牌形象，生存可能性才會提高。網路購買的顧客無法親眼看到產品後才買，因此會關注實際已購買者的意見。

99%的潛在顧客會在參考他人的購買心得後決定購買產品，因此需要進行病毒式行銷。優秀顧客的購買心得累積愈多，我的存摺餘額就愈多。雖然也有親自出面解決一切的方法，但是觸及更多顧客的機率也會下降。這時，有一種可以尋求專家幫助的方法。每個購物中心都有規劃、採購商品的MD（merchandiser，採購），請去找這位吧。經營光州煙家韓式烤排骨店和肉品加工專門企業山與德食品的裴景朝（音譯）代表的建議具有很大的啟示意義。

「即使註冊了商品，如果沒有MD就無法正常銷售。只

---

* 為韓國的電商平臺，賣家可註冊自己的電商商店。前面提到的Naver Shopping則是偏向綜合的比價網站。

要表示想舉行特價活動，大部分的 MD 都願意抽出時間開會。如果會議成功進行，就會介紹攝影師和設計師，正式展開進駐流程。但是這時要仔細計算手續費、退貨率、包裝袋價格等，才不會虧本。

因為進駐網路商城而興奮不已，結果卻吃虧的情況也很常見。網路銷售過程比想像中還要花時間，所以最好是循序漸進地一一完善。雖然有數百件讓人頭疼的事得考慮，但想到將和別人走不同的路和即將開拓新的市場，就感到非常興奮。」

那麼直接製造生產設備如何？這實際上是小規模企業不敢想的事。但是經營著小小的實體店面，在網路銷售上嶄露頭角的檀香排骨代表金容光（音譯）的故事卻讓人耳目一新。在名為「Gochangmo」的肉類創業相關社群裡小有名氣的他，也曾因被取締違法擴建、與合作夥伴的糾紛、部隊鍋和炒年糕宅配業務等，經歷了四次失敗，終於在第五次站穩腳步。他可謂是完成山戰海戰、空戰和心理戰的逆轉勇士。

檀香排骨只有四張桌子。實體店面的月銷售額為 2000 萬韓元（新臺幣約 46 萬元），但透過網路經營的批發零售

業取得了7～8億韓元（新臺幣約1626萬～1860萬元）的成績。如果是經營店面，需要約35～40張桌子才能達到這個數字。

網路銷售需要生產設備，但在餐廳空間裡不能進行製造，因為這個設施是許可制的，負責的公務員將進行實地調查，所需的最少坪數約為25坪。雖然沒有法律上的限制，但是需要公務員的許可。由於行業本來就十分多樣，無法一一說明，但在本書中將公開用最少的費用和時間投資生產設備的經驗。

韓國規定，如果肉的比例超過50%就是「畜牧加工業」，50%以下則是「食品製造」，只要安裝每坪費用約350萬韓元（新臺幣約8萬元）左右的冷凍倉庫，以及將作業室維持在15度以下的冷卻裝置就可以了。作為參考，冷藏、冷凍倉庫的最小面積是2坪。再加上作業區、混料機、包裝機、消毒機、磅秤、標籤印刷機、更衣室、淋浴室等，只要這些都具備，即使相關公務員前來也不必太緊張。設施費最低約3000～4000萬韓元（新臺幣約70～93萬元）左右就可以。當然，押金和月租根據地區、位置和樓層數而有所不同。聽課的幾位學員這樣表示：

「 有投資外送應用程式的超級清單＊一年左右的錢，就可以用來備妥生產設備，執行網路販售攻略。」

沒有製造工廠就不能開發票，批發和網路販售就會受阻。最近手腳很快的龍頭集團已經從每況愈下的外送市場抽身，正陸續往網路市場聚集。

顧客管理很獨特。前 20% 的顧客用優質產品攻略，其餘 80% 的人透過電話下訂單並用宅配送產品。他們還會透過 Facebook 和 Instagram 接受訂單，在網路商城有 80% 的顧客等待著各位的商品。他們還強調，網路商城上消費者的傾向是這樣的：很麻煩的就不買，覺得誘人的話就關注。還有喜歡新產品，如果有什麼新推出的東西，想嘗試的意願很強。與實體銷售不同，比起冷藏產品，線上購買的消費者更喜歡冷凍產品。

在面對面接待客人時，語氣和禮儀很重要，但在非面對面時，消除顧客的不安就是核心重點。不知道賣家是誰，也沒去過我的店面，只是被一張照片、一句很有感覺的廣告詞吸引而訂購。如果好吃，就會用「按讚」來回應，但如果產品沒有達到標準，就會以無法刪除的留言報復。最終，銷售額可能會暴跌，投資製造工廠的費用也可能無法回收。

相反地，如果細節生動，是至今為止從未體驗過的產

品，並消除了顧客的煩惱和痛苦，就會大獲成功。做到這個
境界的話，就不用店面，也不用做外送了，銷售地點比你想
像的還多，咖啡廳、俱樂部、封閉式企業商城、電視購物、
公開市場……只要敲一敲，門就會打開來。

---

* 超級清單（Superlist）是指顯示在韓國外送 App「外送的民族」應用程式最上端的廣
告，最多可以顯示三個。

瞭解投資報酬率後
再做生意

　　賺多少錢才能把生意做好呢？要賺多少錢才能在這冰河期生存下來呢？能回答這個問題的人並不多。很多人不僅沒學投資報酬率，甚至連聽都沒聽過，彷彿是在茫茫大海中漂浮卻沒有指南針的船長，令人惋惜和遺憾。計算投資報酬率最重要的理由是制定銷售目標，因為誰都不知道自己到底是做得好還是不好。

　　投資多少、賺多少、剩下多少才能生存的標準，就是投資報酬率分析。即使是規模龐大的大企業，如果想正確判斷，也會支付鉅額費用給顧問公司，然後開門見山地問：

　　「我們現在做得還好嗎？」

　　「該發展或裁掉哪條業務線呢？」

　　為了回答這些問題，拿著007包的選手們走訪企業進行診斷和分析後，拿出了堆積如山的報告。研究分析好的報告

也是工作之一，範圍和深度不容小覷。所以我為各位準備了「自主投資報酬率分析」！

如果投資一億的閒置資金，應該要賺多少？

投資二億退休金要賺多少錢？

如果能在投入的預算內解決一切，我能拿多少？

當然，對於接下來要介紹的公式，一定會有很多人持不同意見。但是，這是將日本傳奇家庭餐廳薩莉亞（Saizeriya）的老闆正垣泰彥先生建立的公式轉換為韓國適用的，參考一下肯定會有很大幫助。

首先，我問了首爾教育大學商圈的大哥廉光澤（音譯）老闆。

「最近如何呢？月銷售額是多少？」

「減少了一點，受到了各式各樣的打擊啊。」

「就算這樣你們還是江南最棒的烤肉店，應該還好吧……」

「每個月 2.5 億韓元（新臺幣約 580 萬元）左右。」

「別人都把店頂讓出去了……（你們）很堅實啊。」

「只是維持生計而已。」

這句話很多人都聽過這句話。

「只是求個溫飽而已……」

好，從這裡出發吧。

「如果現在開一家像Tamna Doyaji 這種規模的烤肉店，總共會需要多少投資額呢？」

「嗯……8億韓元左右。」

$$\frac{年銷售總額}{投資總金額} = 2 、 3 、 4 、 6 、 8 、 10 \cdots\cdots$$

把「投資總金額（權利金、押金、設施、器材等）」作為分母，分子是「年銷售總額」。當然很明顯地，如果是在父親留下的房子裡，不需租金、押金就可以做生意的人，算出來的結果可能不正確。根據這個結果多少，答案分為「馬上就想放棄」、「可以維持生計」、「要不要開個直營店？」和「就算是連鎖店，加盟店主也不會餓肚子」等幾種。

除了幾個利潤非常高的行業外，一般應該放棄的指數是2。例如，總投資金額為8億韓元，年銷售總額為16億韓元。年銷售總額為16億韓元時，一個月的銷售額為133,333,333韓元。如果以30天來除是4,444,444韓元。一

天的銷售額是 440 萬韓元（新臺幣約 10 萬元）左右的話，還不如馬上關門。顧問和經理不是魔術師，即使掙扎也很難在這種狀態下堅持。如果無法負擔這種規模，那麼降低總投資額如何？

雖然因地區而異，但一般開一家炸雞店需要 2～3 億韓元。一定會有更多或更少的情況，總之，拿 2 億韓元的退休金開一家炸雞店吧。如果想生存，每月至少要賺 3330 萬韓元（新臺幣 77 萬元）以上才能喘息。想休息的人儘管休息吧，但是不要忘記，如果營業天數減少，就要跑得比別人更快。

再說回來，一天必須賺 111,111 韓元（新臺幣約 2600 元），這樣才算得上「回本」，但也沒有盈餘。所以租金高的話，相對地就會出現赤字。那麼一隻售價 15000 韓元（新臺幣 350 元）的炸雞，一天要賣多少隻呢？即使酒類和飲料的銷售額約占 30%，也要銷售 52 隻左右。看起來很容易，怎麼可能一天會賣不出去 52 隻呢！但，韓國炸雞平均一天只賣得出 35～40 隻。事情並不像說的那麼容易。

選手們之間經常會這麼說，三天的銷售額應該要可以打平租金，那也要找到租金夠低的地方才有解答。也就是

說，要找到每個月租金在 300 萬韓元（新臺幣 7 萬元）左右的店面，但對於一級商圈來說，這是不可能的。如果想創業的人不知道這個公式，即使租金邪惡得不合理，也只會看上高檔的地方。

銷售的故事更讓人覺得心酸。前面說明的炸雞是單價較高的行業，如果是 2000 韓元的咖啡或果汁的話，到底要賣多少杯呢？答案是超過 500 杯。也許你會想馬上放棄。達到指數 2 的程度就是這樣。

儘管如此還是有希望的，各位不是已經踏上了成為生意之神的路了嗎！如果投資報酬率達到 4，就不會愁眉苦臉了。如果有人問起，還能微微偷笑，說生活上還過得去啦……

把計算器重新拿出來吧。指數要想達到 4，就要投資 2 億韓元，年銷售總額達到 8 億韓元。每個月 66,666,666 韓元（新臺幣約 155 萬元），每天 2,222,222 韓元（新臺幣約 5 萬元），大約等於 100 隻炸雞，2000 韓元的咖啡約 1000 杯，7000 韓元的部隊火鍋約 300 人份，1 萬韓元的牛骨刀削面約 200 碗。

相信大家已經察覺到了。如果急著想將指數提升到6，建議嘗試直營店。以 2 億的投資達到年銷售額 12 億，

月銷售額1億，日銷售額約300萬韓元。這是包含權利金、押金、裝修、室內設計、器具、設備⋯⋯等全部在內的投資額，所以你理應得到稱讚，並有資格在每間店放一位經理。遇到這樣的人，不由得讓人尊敬地低下頭。有意思的是當事人並不知道，因為沒有人教他們。就像不知怎地就長大成人一樣，我們所有人都是歪打正著成為「老闆」。

如果指數超過8，連鎖店也值得一試。這是可以賺錢的系統，如果創業者不是只想當伸手牌的小偷心眼的話，可以救活很多加盟店主。但是，也把這個算法教給新手加盟店主吧，這樣他們才會笑著追隨你。

如果指數是8，就是只投資1億韓元，年收入8億韓元的遊戲。尋找不需權利金、押金在3000～4000萬韓元的地方，再投資3000～4000萬韓元在設備上，剩下的就是營運資金。為了宣傳要舉行試吃會和免費贈送等活動，就必須要有剩餘的資金。假設經營的是擁有地下室或二樓，在圓桶上烤著吃的美國產排骨店好了。

超越徐徐排骨的調味醬、可以媲美鳳龍烤肉的蔥絲、豐年家的涼拌生菜、Tamra Doyaji 的大蝦大醬湯，如果能裝備到這種程度，一天營收超過200萬韓元的話，你就有

資格和周圍的好人們分享這份榮譽。但是，如果遇到的都
是懶惰、商業頭腦差、不適合做生意的加盟店主，就不是
如此了。

> 🈲 雖然寫的是投資報酬率，但事實上我想講的是銷售計畫。
> 制定好這個計畫，想法就會不同了。我想製作出超簡單的指數
> 表，幫助大家實現夢想。有目標才不會感到疲憊，希望能成為
> 孤獨地在黑暗中前進的自營業同伴們的導航，因此研究出這個
> 指數，現在請馬上拿出計算器確認各自的成績吧。

無條件引進會員制

連續二年被列入米其林指南，最受矚目的中餐廳「津津」，在王育成（音譯）師父的帶領指揮下，開到了四號店，速度快得可怕。餐廳被刊登在《米其林指南》（Le Guide Michelin）上後，雖然會因為這份指南的權威性而大獲成功，但也有很多人因為價格昂貴或門檻高而不願意造訪。對這樣的顧客來說，津津就像是綠洲般的地方。

商業完全取決於老闆，小氣的老闆做寬厚生意的可能性接近於零。津津的策略中最突出的就是會員制，這是個很了不起的點子，也是任何人都能馬上運用的行銷祕訣。註冊會員時可能會有點心疼費用，但加入後可以立即享受優惠，誰不願意呢！好市多也是這樣發展起來的。

先假設用餐的一行人有四位好了。只要同行中的一位是會員，就可以享受20%的折扣。四個人每人點一份2萬韓元的料理，就是8萬韓元，如果打八折的話，當場便宜了1萬6000韓元。繳交的會員費當天就回本一半了。但是，酒

類不適用優惠，這才是更令人啞口無言的妙招。折扣金額愈大，甚至超過會員費時，顧客就愈想充分利用優惠，等不及要花錢，這也直接關係到酒類的銷售。韓國的餐飲業者急切地想提高酒類銷售額，這是多麼可愛和優秀的祕訣啊。

但如果顧客經常造訪的話，每次都要打八折，結果不是虧了嗎？不用這麼鬱悶，再訪的顧客愈多，生意就愈成功。口碑傳得很快，新顧客們蜂擁而至，拚命加入會員。那麼從業主的立場上來看，一舉三得，增加會員、積累會費、增加銷售額。

津津的會員數一下就超過了三萬人。既然已知每人的會員費是三萬韓元，相信各位應該都能計算出金額了。所以他們可以寬裕、充足地以低廉的價格提供餐點。店面開在只要太陽一下山就人跡罕至的西橋洞盡頭，這也是非常縝密的作戰。用一句話來形容的話，三萬韓元的會員費充分發揮了作用，就像抓白頭山老虎的傳說中獵人經常使用的圈套。每堂課我都會記得要講這個故事，學員反應正好分成二派。

「什麼！要我給出20%的優惠嗎？那我不就剩沒多少可賺了……」

優惠累積愈多，痛苦愈會被療癒。

讓路人成為客人，讓客人成為常客

如果想讓常客永遠是我的粉絲，就請關注能夠產生共鳴，又能和顧客溝通的會員資格吧

　　雖然傳授了祕密對策但若還是感到猶豫不決，可能是因為行業和生態的不同，適用程度也不同。但是，只要實行，至少也會有豐厚的收穫。最先嘗試的人是安山一杯月光（안산 달빛한잔）的金在雄（音譯）代表。他果敢地下了賭注。事實上，金代表當初委託諮詢的原因是「有很多苦

惱」。他將會員費定為津津的的三分之一,也就是一萬韓元的價格。持有一張「白菜葉」會員證就可享受以下優惠。

1. 一年內贈送 12 瓶酒類
2. 一年內的折扣和點數累積(可等同於現金使用)
3. 加入後立即獲得 10 萬點數可使用
4. 生日前後一週來店即贈送蛋糕＋禮物
5. 只為年費會員準備的祕密派對
6. 年費會員團體來店時,贈送一杯燒酒或啤酒
7. 積極支持來場勘

會員制為顧客製造了祕密基地,就不需要苦惱要去哪裡,因為有了隨時都能得到優惠的空間,而且愈去就獲得愈多,這點讓人非常上癮。想想看,自己一人能開成生日派對嗎?聽到會送蛋糕和禮物,所以把朋友們都帶上是人之常情。再加上點數可以等同現金使用,真是一舉兩得。引進會員資格的金代表有一天傳了 Kakao talk 訊息給我。

「我會帥氣地賺錢後再去見師父你的〜〜」

看到這樣的訊息，我心臟砰砰狂跳。為了與閱讀本書的各位分享幸福，在此完整公開金代表的訣竅。我相信如果各取一些來應用，就能完成優秀的系統。

位於方背洞的紅酒專賣店 B.B Fongcha 的會員優惠更強烈且簡單。年度會員的入會費是 12 萬韓元（新臺幣約 2800 元），絕對不是小數目，但是看優惠內容就能理解。

1. 所有品項全時段優惠10%。
2. 免費提供一瓶5萬韓元紅酒
3. 免費提供一瓶5萬韓元氣泡葡萄酒

簡單計算就知道，加入會員當天就可以回收全部費用。在剩下的364天裡，造訪愈多次愈有利。這就是企業、飯店、度假村、信用卡公司等引進會員資格的原因。

成為會員的時間愈久，會員資格愈會強力進化。乙支路雲工坊的代表崔在元推出了五種特惠，合計價值 87 萬 5000 韓元（新臺幣約 2 萬元）。

1. 店內免費提供一杯生啤（一天一次）

2. 加入後立即獲得可當作現金使用的5萬點
   積分（以結算金額10％為限）
3. 生日前後一週來店贈送一瓶葡萄酒
4. 拍攝紀念照並提供裱框服務
5. 於週六、日和國定假日租借場地，提供一
   籃啤酒（20人以上）

　　顧客認為付錢是一種痛苦。相反地，一想到對自己有
利，就會不加思索地衝過來。優惠累積愈多，痛苦愈會被療
癒。如果想讓路人成為客人，讓客人成為常客，讓常客成為
我永遠的粉絲，就要關注能夠產生共鳴和對話的會員。

只要縮短四秒就能生存下來

<u>薩莉亞的生存法</u>

　　學過餐飲的人都知道的日本品牌薩莉亞，在韓國國內以《顧客愛吃才暢銷》一書而聞名，是正垣泰彥的代表性品牌。在低價競爭加劇、食材單價正在上升的日本餐飲產業中，薩莉亞以極強的低價戰略稱霸了日本列島，在價格差異化方面無人能及。

　　米蘭風味焗烤飯 299 日圓（新臺幣約 65 元）、帕爾瑪風義大利麵 399 日圓（新臺幣約 87 元）、奶油玉米湯 149 日圓（新臺幣約 32 元）……

　　縱觀整個菜單，沒有超過 500 日圓（新臺幣約 110 元）的品項。甚至有傳聞說，即使所有東西上漲，薩莉亞也不會漲價，很難相信在以物價昂貴而聞名的日本能維持這個價格。

　　他們到底有什麼本事能維持這麼低的價格呢？

　　薩莉亞為了降低價格，將時間拆成以秒為單位。為了

無限生存，他們找到的最大效率，就是勞動生產率、系統和路線。驚人的縝密計算使勞動生產率最大化。

除了用餐高峰期外，原則上採用單人廚房，因此人工成本負擔較小。撕開一人份的小包裝湯包袋裝盤，放入砧板正上方的微波爐中。在此期間，將蔬菜沙拉放入盤子裡，依序淋上調味醬汁。將地中海風格的西班牙海鮮飯放入烤箱後，再將漢堡也放入烤箱，過程不到十秒。

轉身就是烤箱，再次轉身就回到料理臺。由於移動路線短，且有效率地把預先處理好的食材裝好，所以完成料理所需的時間很短。發揮高效率，減少成本，這就是薩莉亞的原則。五個人點的 15 道菜全部上完只需要十分鐘。小分量和食材的處理就是如此完美。

其實這個廚房到處隱藏著驚人的祕密。

舉個例子來說，番茄要分成八等分時，要先將一顆番茄切成兩半，然後再把切好的番茄再對半切，最後再對半切。把這放到沙拉上大約需要 30 秒的時間。薩莉亞決心縮短這一時間，並開發了專用的切割器。將番茄放在圓柱形的切割器上並蓋上蓋子，番茄就會變成八塊，也不會被切得歪七扭八。原本需要 30 秒左右的切番茄時間，多虧了專用切割器而縮短到了四秒，賺到了 26 秒。也許你會覺得這只是

雖然吸引顧客、提高銷售額很重要，
但如果能計算出自己店面每秒的生產效率，
那麼各位完全有資格成為全國第一。

件小事，嗤之以鼻。那麼再舉一個別的例子吧。

以製作番茄沙拉來說，剪開生菜袋裝盤，用四秒時間
將切好的八片番茄放在生菜上，再將調味汁搖勻後淋上去，
大約需要八秒左右。連這樣的時間也覺得太可惜，因此將調
味料換了。將會產生沉澱物的醬料替換成像美乃滋般濃稠、
使用前不需要搖晃的醬料，因此多賺了四秒。

為了極強的勞動生產率，薩莉亞會長和他的開發團隊
更集中於細節。做披薩的時候通常會在麵餅上塗上番茄醬，
這時必然會使用全世界任何地方都能看到的圓形勺子。這個
過程，薩莉亞也加入了計時器。把勺子全部換成平底的，將
從醬料桶中撈出醬料塗抹的二個步驟減半，一舀起來就倒上
披薩餅皮，然後直接用平底勺抹開。

日本平均時薪1000日圓，相當於約一萬韓元（截至
2009年三月為止的資料）。如果以秒為單位計算，每秒約
2.8韓元。這可不是該喊「唉唷～」的事，因為有了番茄特
殊切割機而省下的26秒，乘以2.8韓元的價格約為73韓
元。每天大約有15筆訂單，73韓元乘以15是1095韓元，
全國約900家店鋪，每家1095韓元就是98萬5500韓元。

一年365天，每年就是3億5970萬7500韓元（新臺幣約837萬元）。

雖然吸引顧客、提高銷售額很重要，但如果可以計算並節省自己店面每秒的勞動生產率，各位完全有資格成為全國第一。另外值得關注的是，薩莉亞的烤箱不是要打開放進去、再打開拿出來的類型，而是輸送帶式的，從入口方向放上配好料的披薩餅，烤箱對面就會出現完成的料理。直接裝在盤子裡，隨著「叮」的鈴聲響起遞給外場員工，任務就結束了！可以說四秒鐘的的差異造就了薩莉亞的傳說。

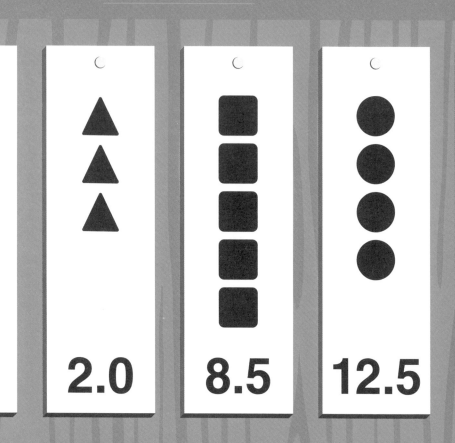

2.0 8.5 12.5

6 提供最高價值
證明和生存

所有人都在談真誠和本質

　　成功CEO們的散文或演講中，出現最多的單字是本質和真誠。雖然沒有特別聯想到什麼，我們還是邊聽故事邊點頭，甚至流下了眼淚。根據演講者口中的每一個單字，想像、預測並挑戰自己拼湊它們。但是如果把書闔上或走出演講場地，就會產生這樣的想法，「真棒，好感動喔。但是要從哪裡開始呢？本質是什麼，真誠又是從哪裡開始的？」

　　餐廳的飯好吃就行，烤肉店的肉又豐盛又新鮮就夠了嗎？在有人喊出答案後，反復思考，這樣就沒了嗎？聽演講的時候、看書的時候可能是這樣，但現實卻是冰冷的，沒有地圖很難找到路。無論率先踏上道路、已經體驗過的人再怎麼主張山頂上有寶物，對你來說也只是聽說而已。沒有冰爪、沒有繩索，也沒有緊急糧食和羽絨衣，要怎麼登上頂峰呢？如果對周圍的每一個人都很好，也用最好的食材做菜，這樣的話每個人都能登上頂峰嗎？以二十多年來看遍別人家廚房的我的立場來看，這是不可能的。

為了掌握本質，有必要先想想這句話。

「認識你自己。」

為了掌握本質，必須瞭解自己。我屬於哪裡、在做什麼、別人如何評價我？我是有競爭力的人嗎？我創作的作品有足夠的價值讓顧客拿著錢跑來交換嗎？這就是本質。本質的掌握是從拆解自我開始的。

拆解的最好辦法就是「公式」。我做了一個非常簡單的公式，只要填滿這個公式上的空格，就很容易找到各位的本質和競爭力。如果是五花肉店的話……

五花肉專賣店＝肉＋鹽＋泡菜＋湯＋包飯＋飯＋醬＋酒＋火鍋……

拆解能代表自己店的主菜單是個開始。到底該如何在肉品上差異化，用國產的還是進口的？要熟成嗎？切法呢？鹽呢？要引進英國產的馬爾頓海鹽嗎？要不要提供讓人心動的粉紅色喜馬拉雅鹽？如果老闆付出的勞力在顧客的支付價格中有重要占比，要不要把乾香菇磨碎後和鹽混在一起？要提供什麼樣的泡菜顧客才會感動呢？是去向泡菜達人拜師嗎，還是採用地區農協的產品呢？湯裡要放肉，還是放油豆腐

呢？要和清鞠醬各混一半，還是和家裡做的大醬混合呢？包飯用的蔬菜要用自助式的，還是裝在塑膠袋裡提供呢？（有餐廳實際採取這個措施，將生菜放入印有標誌的塑膠袋中免費提供。直接給的話就是免費的，也就是不用錢的，但裝進塑膠袋裡的話，顧客大腦判斷的價值也會隨之提高。）要引進像E-Mart裡的環境友善生菜一樣噴灑水霧的蔬菜專用冰箱嗎？飯呢？一次性的鍋飯？鐵鍋飯？雜糧飯？小米飯？不，既然要出擊，要不要在店裡放個20臺碾米機和最新型的高壓飯鍋，讓顧客看到就發出「哇嗚」的讚嘆聲呢？包飯醬裡放堅果如何？還是添加紫蘇粉或穀物粉？辣椒醬、大醬、蒜末、香油以1:1:1:1的比例放入，做出讓人立刻上癮的醬料？鰻魚醬吃膩了嗎，那我們做帶魚醬吧？還是蝦醬？不對，既然如此，要不要提供四種魚醬的醬料套組，擴大選擇範圍？除了別人都有的真露、初飲初樂燒酒，有沒有更值錢的酒類呢？每週二以全國最低價促銷嗎？要不要特別推出傳統酒和馬格利酒？有很多人會考量到健康，好吧，那就異業結合用紅酒吧。顧客潛意識會將紅酒與健康產生聯想，所以要準備CP值高的紅酒！備長炭是木炭中的名牌，要趁這次機會換來用嗎？烤爐全都換成下嵌式的嗎？用金黃色烤盤取代競爭者們都在用的深灰色烤盤？鋼線烤網的反應也很好⋯⋯

也就是說，將能夠占據競爭優勢的所有要素都寫下來，並積極導入自己的店中。如果乍看之下想不到的話，強烈推薦使用「成為人生勝利者的特級祕密」——曼陀羅計畫表（mandala chart）。

以上面的苦惱為基礎，填滿這些格子吧。

肉	泡菜	湯
飯	五花肉	魚蝦醬
生菜	火／烤盤	鹽

這樣整理後會更清晰地刻在腦海裡。現在，把圍繞五花肉的八個格子一一拿出來，再分別擴張為九宮格吧。

上排第一格是「肉」。以在店前面準備玻璃箱、低溫發酵的店家為例。詳細地說明如何使這種肉更具競爭力、做出差異化。如果加入概念、特色、故事等等會更紮實。下面提示的曼陀羅計畫表並不是唯一的正確答案，但填滿這些格子

老家爸爸養的豬肉	1℃浸泡熟成	玻璃箱
48小時熟成	肉	鑽石刀法
桌上的磅秤	黃銅餐具	？

「？」是各位要完成的作業！

的話，它們會是一條你更接近顧客八步的捷徑。[*]

　　思緒需要整理。用八種價值詮釋主角，並將這八個要素再次擴張出八個，就可以構築出任何競爭者都無法攻克的堡壘。當你已經準備好72種細節，還有什麼好怕的？

---

[*] 此表應用了名為「曼陀羅」的表格。由日本設計師今泉浩晃於1987年設計，原本由9×9＝81個格子構成。這個圖表具有「達到目標的技術」之意義，作者試著將其運用在自營業上。

世上最簡單的定位

　　所有人都在談論「定位」（positioning）一詞。都說只要做好這點，生意就會成功，而要做好定位也不是那麼困難。世界上的法則這麼多，如果要追著解釋這些法則的一堆單字跑，頭髮都要掉光了。簡單才能長久。

　　什麼是定位？請想一想籃球或足球吧。沒錯，進攻、防守、後衛、得分後衛……這些是在比賽中必須堅守的位置。只要經理和教練不是傻瓜、只要能好好守住這個區域，就能在比賽中獲勝。

　　我們必須守護自己的位置和角色。那麼，各位在各自的類別中扮演著什麼樣的角色呢？因為想拯救所有飢餓的顧客而猛衝，看起來就像無法守護好自己的位置、四處徘徊的業餘人士。真正的職業選手會拚命守護自己的領域，然後在看到空隙時，毫不猶豫地出擊，擴張自己的領土。

　　在體育比賽中大量使用戰爭用語也是因為領域之爭。如果城池被奪走，馬其諾防線（Maginot Line）*被摧毀，就像

在戰爭中失敗一樣，所以無論如何都要守護自己的領域，但也要虎視眈眈地盯著空地。讓我們把它代入自營業老闆的故事中吧。如果你不是專家也不是生意天才，分析商圈並不是一件容易的事情。讀了書，運用商圈分析系統，費盡心思後得出了結論！在這個商圈裡，要用五花肉定勝負。那麼這就是我的領域，必須得讓任何人都不敢闖進來。

如果是沒有競爭者的無主空山就沒問題，但如果有已經搶得先機的品牌，那就令人頭疼了。到底要不要進駐？聽說同行業聚在一起效果會更好，要進入商圈嗎？諷刺的是，愈是業餘的選手，愈魯莽，帶著反正死一、二次沒什麼大不了的心情進入別人的地盤。對方選手是身經百戰的老將，如果想超越這位選手，將位置占為己有，就需要冷靜的大腦、火熱的心臟和結實的大腿。

如果運用老將已經採取的戰略，就會百戰百敗。相反地，只有擁有對方不具備的技法、突破力和進球能力，才能被球迷記住。人類雖然容易站在強者那邊，但在對決上，卻有著暗暗期待弱者獲勝的奇妙特性。如果同時擁有身經百戰

---

*一戰後法國為了抵禦德軍入侵在東北邊境建造的堅固防線。

的老將才能發揮的幾乎所有技術，再加上年輕的魄力？如果超越了頂級選手，甚至進球的話？一瞬間，球迷們就會轉向新秀這一邊。

商業也大同小異。如果是沒有人插旗占據的位置，相對來說比較容易，但在已經有人搶占的市場中，用同樣的道具決一勝負就不簡單了。對方擁有的魅力我也要百分之百擁有，還要再加上顧客無法想像的、像禮物般的服務，才能讓粉絲們留下深刻印象。這就是定位。

一種消除球迷談到守門員和前鋒就想到誰誰誰的成見，讓他們只記住你的方法。強調煎蛋、維他命、一次性圍裙等等，就是因為這個原因。必殺技愈多愈好，用這些必殺技讓一提到烤肉店就會想到的百戰老將的名字被抹去。愈注重細節，進攻成功的可能性就愈高。角色互換的話也是這樣，選秀排名第一的新秀也虎視眈眈地盯著我的領域，稍有不慎，我的地盤就會被奪走。我可能會被遺忘，對方會被記住，只有抱持這種心態去拚搏，才能生存下去。

還有一點，如果比賽風格相同就很難區分開來。從職業足球可以看出許多選手穿著顏色非常獨特的運動鞋，或留著特別的髮型，這不是因為無聊，而是有明確的理由。這是特意向顧客宣傳「我」的存在，以及讓我的表現長久地留在

他們的記憶中。只是用「有個性」來解釋還不夠，這是一種策略。這個策略同樣也適用於自營業者，並不是要各位將頭髮染成粉色或天藍色，而是想表達要為自己的產品和品牌加上顏色。

顏色，沒有想法是打造不出顏色的。要創造出屬於自己的風格、屬於自己的色彩，這個工作就是「生色」*。雖然經常被用作貶義，但事實上，生色指的是能讓人區別出他人和自己的優秀想法。

如果和同類人的顏色相同，就會被埋沒。如果要說在商業界最需要警惕的事情，我認為是無聲無息地被埋沒。所以如果死都不想被忘記的話，就在構成自己品牌的所有要素都塗上屬於自己的顏色吧。

就算只是鹽巴，如果提供得隨隨便便就會被埋沒。雖然看起來微不足道，但在鹽這裡也可以添加自己的想法，展現出屬於自己的色彩。這時最重要的是自己的想法能不能讓顧客變得更幸福，哪怕只有 1% 也好。如果加入了各種想法，但是卻與顧客的滿意度有段距離，那就是做白工了。

---

*在韓文中有邀功、往臉上貼金等意思。

只有將顏色和象徵，以及比任何人都快的機動性相結合，才能守護自己的領域，防止別人的侵占。如果認為這種技術沒什麼大不了、別人都知道、是誰都能發揮的技巧，哪怕在比數停滯不前的賽場上被搶走球，坐滿球場的數萬名觀眾和觀看比賽的數百萬名觀眾也會嘲笑你。然後會說出這樣的話吧……

「他到底在想什麼，就那樣呆站在那邊！」
「到底有沒有腦？」
「教練！快叫他下場！這樣下去比賽會輸的！！！」

球被搶走和顧客被搶，都意味著領域之爭——也就是在定位戰爭中的失敗。

重新整理一下。提到五花肉就會想起你的品牌，在提到拉麵、刀削麵、炸雞、烤牛肉、排骨、泡菜鍋、豬腳時……人們就只會想到你的品牌，這就是定位。

就像滾動的石頭一樣，要讓顧客既有想法中的第一品牌被抽掉，安插你的品牌進去，才能在該類別中找到你的位置，找到你獨一無二的定位。如果再加上趣味和遊戲的概

念，你就是絕對無敵的。不是只守住領域就好，還要履行粉絲服務。

　　比賽中的表現和進球慶祝動作也非同小可。選自己想吃的東西的樂趣、拍照的樂趣、參與其中的樂趣、動手做來吃的樂趣、小活動的樂趣等等，樂趣會讓我們的大腦分泌多巴胺，然後馬上就會成癮。喜歡體育、喜歡打賭也是因為這種樂趣和成癮性。如果不能像毒品一樣讓人上癮，要做出定位是根本不可能的。

秘　不要被現有的概念所束縛。如果連同一個單字都和別人用一樣的方法解釋，就無法在比賽中自由發揮。將世界級學者提到的理論和概念用各位的風格詮釋吧，只有這樣才能完成讓觀眾歡呼的獨特、有個性、即使想忘也無法忘記的，各位獨有的風格和比賽。

喚醒沉睡的回憶吧

「販賣經驗吧。」

讓我們販賣經驗而不是商品，而且應該要是顧客從未經歷過的新鮮事物，並且要強調，這應該是能夠觸動顧客情緒的「積極正面的經驗」。這並非只是一、二個人的主張，但在我們的營業場所或品牌中，能代替商品用來銷售的「經驗」到底是什麼呢？我見過許多自營業老闆，經常會遇到因為執著於表面上的字詞而傷腦筋的人。每當這時，我就會告訴對方一個非常簡單的解決方法。

「不論是再怎麼好的概念，如果自己不能接受，那也就無法去說服別人。經驗這個詞很珍貴，按照老師您的風格改變一下解釋如何？」

雖然透過翻閱書籍，掌握上下脈絡後，可以瞭解每年刷新最高銷售額的選手們，但是為了擺脫這種悽慘的不景氣而獨自流著血汗的人們，讀著讀著就鬱悶死了。

　　有一個影片我一定會在上課時間播給大家看。這是在金浦太白山拍攝的，穿著整齊的店員們推著購物車走過來，把小菜放在桌上，最後一盤是白菜泡菜，但是是沒有剪開的泡菜。接下來，店員馬上從圍裙口袋拿出一次性塑膠手套，雙手戴上，開始撕泡菜。^{QR}

　　「哇！等一下～！」

　　顧客拿出智慧型手機，點開相機拍起了影片，只用了十秒左右，這是最高級的韓定食餐廳也感受不到的體驗。在撕開泡菜時會有許多想法浮現，在演講廳的大型螢幕上播放時，四周就會變得鴉雀無聲，在偌大的空間裡，只聽到撕扯泡菜的聲音和吞口水的聲音。

　　「現在，你會最先想到誰？」

　　「媽媽」、「奶奶」。

金浦太白山。在最高級的韓定食餐廳也感受不到的體驗。

為了讓某人重新想起有意義的記憶而創建設備，就是販售經驗。

　　這些人的表情變得輕鬆，臉上露出了笑容，是連我都變得幸福的瞬間。我再問了一次。

　　「還有一位吧，會撕泡菜的第三個女人是？」

　　「……」

　　「老婆，雖然只幫我撕了六個月吧。」

因為我的自問自答，教室裡爆出一片笑聲。我所認為的經驗就是這樣的，在接觸商品或服務時，會想起美好的回憶。因此，如果不要只按照至今為止行銷書籍中提到的來解釋「銷售經驗」，而是按照我們自己的方式解釋的話，我想將其定義為「雖然現在忘記了，但是把無意識中儲存在回憶裡的片段拿出來，讓人重新想起的祕訣」。

撕開醬牛肉，在眼前拌蔥絲，在巨大的盆裡放入飯和蔬菜拌勻，這些線索都喚起了回憶，讓顧客的大腦變得幸福。為了能讓某人重新想起有意義的記憶而創建設備，這就是販售經驗。當然，我的店裡提供了這種美麗的經驗，如果是至今為止在競爭對手店中從未享受過的全新「經驗」，將會更加閃耀十倍。

現正處於嚴重的不景氣中，在經濟不景氣時大腦會主動尋找快樂，想從被捏塑的記憶中拿出最幸福的回憶，重新享受。近來90年代的音樂再次復甦，其中也隱藏著這樣的經濟背景。背著復古之名站在生活文化的前端，我們稱之為「懷舊」。

@ 平澤民族的部隊火鍋

讓我們進入顧客的大腦中吧。
只要拿出大多數人共同擁有的、非常特別和珍貴的日常生活回憶，
讓他們再次感受到就可以了。

　　如果企業業績下滑、負債增加、就業不穩定，這種懷舊的行銷手法就非常有效。因此，只要縝密地融入經驗和懷舊之情，生存工具包就完成了。讓我們進入顧客的大腦，拿出大多數人共同擁有的、非常特別和珍貴的日常生活回憶，讓他們再次感受到就可以了。

油炸鍋巴
下雨天的泡菜煎餅
韓式醬蛋

你我之間的連結就是最好的經驗。請想想，在雨天的上午10點30分左右傳給顧客一段七秒的影片吧。若是在Kakao talk或簡訊中俗氣地寫「你好！這裡是尤金馬鈴薯排骨湯聖水店……」，顧客會立刻刪除我的號碼，因為看起來像是為了賣東西而丟過來的垃圾訊息。相反地，讓我們記錄下在油光閃亮的熱平底鍋上，倒入一匙泡菜煎餅麵糊的影片吧。

「滋滋滋滋滋滋～！」

觸動眼睛和耳朵的刺激會引起二種反應，向唾液腺下達指示使唾液分泌，並在無意識中掃描小時候煎泡菜煎餅吃的經驗。可以寫下「我們會準備好吃的泡菜煎餅」等語句，也可以只寫上店名就傳送過去，這一定會烙印在顧客的大腦中。為用完餐的顧客端上一碗鍋巴湯，也可以送上鯖魚和土魠魚，讓他們想起自己的媽媽。也可以油炸鍋巴後加入白糖攪拌，放入紙杯裡。不管是什麼，只要各位的體貼能植入與

顧客的美好記憶連結起來的訊號，就會深植於顧客腦中。

得到的回答是顯而易見的。

「哇呀～～～！是炸鍋巴欸！」

雖然話會這麼喊出口，但瞬間大腦是這麼想的：

「當時是誰炸給我吃的來著……？啊，對了！是媽媽。」

就這樣，顧客會繼續搜尋印象和經驗。

我也有這樣模糊的記憶。媽媽擔心便當裡的小菜會被朋友搶走而我沒得吃，所以在裝飯之前會先在底部鋪一片起司和煎蛋。

已滿臉皺紋的母親為我打包的那份便當，我今天一定要吃到。

愈涉入，愈值錢
Part 1

　　在拉斯維加斯出差時，看到排著長長的隊伍，我停下了腳步，這是家名為「800 degree」的披薩店。起司的香味從打開的窗戶向外飄散，我忍不住往店裡看了看，哇！在課堂上一直強調的模範就在那裡。對於總是苦惱著要如何創造顧客認同的價值的人來說，這無疑是個寶藏般的地方。老闆和工作人員無時無刻都在創造價值，而接受這價值的顧客則打開了他們的錢包。

　　讀過很多書或對商業感興趣的人，可能聽過很多關於「涉入」的內容。「高涉入」、「低涉入」……指的是「消費者涉入度」（consumer involvement）。韓國心理學會的《心理學用語詞典》中這樣寫道。

　　涉入度是指個人對特定產品的關心程度或

認知到的重要性。根據涉入程度不同，消費者通常會藉由購買和使用產品，盡可能地提高所能獲得的利益，並最大限度地降低風險。產品涉入按程度分為高涉入（high involvement）及低涉入（low involvement）。當消費者認知到某個對象對自己有重要影響時，就會對其進行更多的思考和推論，尋求和探索更多的資訊。並會因此在處理資訊時，朝能做出相對來說最佳選擇的方向處理。也就是說，在涉入度低的情況下，會消極或最低成本地處理資訊，而在涉入度高的情況下，會積極且高成本地處理資訊，並且購買產品或服務。

可以理解這段話的意思，但不知道如何運用到現實中嗎？為了便於理解，這裡讓「顧客的參與」、「涉入」等配角登場，重新詮釋一下吧。

「涉入創造價值。」

這是我每天都要反復強調十次的一句話。

為了享受最大優惠和滿足的消費，我們需要價值。沒

有價值的話，交換和交易都無法進行。做生意是買賣，因此，如果沒有值得交換的價值，就會被冷眼以待。也就是說，幾乎所有經濟行為的關鍵，都在於如何創造價值。接下來我想用更具成效的單字來說明這一點。

表演＋交流＋選擇

把這三個詞組合起來一定能創造價值。涉入不能硬做，只有透過非常縝密的設計，使其自然滲透，才能實現美麗、精彩、有說服力的涉入。

讓我們再回到800 degree披薩店看看吧。那時引起走路中的我注意的，是動作。人類在捕捉到動作時，會下意識地做出反應。在披薩店內用熟練的手藝向空中拋擲披薩餅皮的行為引起了我的注意。這是第一個線索，表演一定會吸引客人。準確來說，表演有著重要的作用，能讓路人成為客人。不單純只是視線被奪走，是連心思也被搶走了。

從這一瞬間開始產生聯想。就像預言家一樣，讀取著下一步的行動。同時，為了吃到自己看上的披薩，從排隊起就開始想像吃到的美味。在這種結構的餐廳裡，交流是無可避免的，這是當初就設計好的願景。只在紙張上檢查確認是

800 degree 披薩店。
表演一定會吸引顧客。
表演有著重要的作用，能讓路人成為客人。
不單純只是視線被奪走，是連心思也被搶走了。

不夠的，為了做出更好的選擇，不，為了做出能夠享受更多
優惠的選擇，要積極參與對話。雖說當今世界為了節約能
源，非主流通訊（non-verbal communication，不說話，
透過手勢溝通）占了上風，但在這裡卻沒辦法。

　　對話內容如下。

「你需要些什麼呢？」

「最熱門的配料是什麼？」

「我對香菇過敏，這樣的話會推薦要加什麼
呢？」

「我很餓，請給我滿滿香腸和火腿。」

　　眼神不停地接觸，輪流看著新鮮的食材，愉快地進行
交流。QR 我又一次參與了披薩的製作過程。接著，負責我的
店員拿出麵團，按壓、搓揉、旋轉、壓扁鋪平，然後馬上向
空中展開讓我為之瘋狂的表演。此時此刻，顧客只會想到一
件事。

　　「變好吃吧～變好吃吧～」

　　負責我的店員把變薄的餅皮放在木砧板上，遞給旁邊
的店員。在旁邊等候的店員輪流看著訂單和我，用紅筆一個
個地核對我選擇的食材，回以微笑或點頭就足夠了。然後跟
著他的手，觀看數十種水果、蔬菜和菇類堆疊在披薩餅皮上

顧客喜歡為了客人多辛苦一點的品牌。
在顧客的本能上，會以現金交換投入勞力後價值變
得更高的產品。

即可。

他的表演也不容小覷。我的參與讓平凡的表演變得非常特別，因為這是以我的想法和判斷控制的表演。雙手一動，撕開起司，掰開蘑菇，撒上切好的葉菜。他的手一動，我的心就砰砰直跳，這些新鮮的食材馬上就會進到我嘴裡，想到就開始流口水，被五顏六色的食材奪走了我的心思和大腦。烤好的食材要放進嘴裡咀嚼才能知道味道，但這種情況下，還沒吃就已經覺得很美味了。

「真的很不好意思……我會支付加價的費用，除了已經點好的食材之外，還可以再加點幾種嗎？」

「當然了，沒問題。」

當蔬菜農場在眼前展開時，人們總是會過度消費。

如果能夠親眼確認，顧客就願意支付更多費用。我又涉入了一次。這樣看來，雖然是借了別人的手，但至少參與了70%～80%的過程，完成我要吃的披薩。輕輕擺頭，這位店員向我確認，嘴角一揚並點頭，OK簽名了。

店員用一把大鏟子把木砧板舉起，推到烤爐裡。烤爐裡熊熊燃燒的木柴迎接我的披薩。柴火發出劈啪聲響，讓人感覺更好吃了二倍、三倍。本來應該回到座位上等，但我往後退了一步，凝視著烤爐。

「哇！1分30秒後就可以吃到充滿番茄和香濃起司的披薩了。一口咬下，披薩裡的起司和蔬菜汁流入喉嚨，配上爽快刺激的可樂。拍張照打卡，然後馬上在社群媒體上介紹吧……」

在傳統市場賣海苔飯捲或煎餅的阿姨們也得要知道如何引導顧客涉入，只有創造價值並交換價值才能達成交易。一般情況下，即食炒年糕店不會倒閉也與密切涉入有關係。來到「即食年糕」店的顧客幾乎大部分都會直接涉入菜單，只挑選自己喜歡的食材，是最積極的涉入形式。

做生意和商業活動的目的是提高收益。不管是鹽、泡菜、餃子還是鬆糕的餡，顧客愈涉入，價值就愈高。給顧客一個選擇的機會吧，制定計畫和策略，思考如何才能讓更多的人多參與一點。為了讓顧客產生更高的支付意願，要把他們更深入地引導進烹飪過程中。

愈涉入，愈值錢
Part 2

一日的銷售額為 2900 萬韓元（新臺幣約 68 萬元）。

這是賣一碗 8000 韓元（新臺幣約 189 元）的冷麵創下的紀錄，是個盛夏時節的故事。當然有比這賣得更多的時候，也有賣得少的時候。上課時一定要提起這間店還有其他原因。一提到成績，大家就讚歎不已，開玩笑地提問：

「各位賣不到這種程度嗎？」

我對教室潑了桶冷水，這是為了下一個劇本。

「各位很好奇吧？為什麼銷售額會這麼高呢？」

然後馬上給大家看照片。

「有人店裡的 POS 頁面不是一頁，而是二頁以上的人請舉手？」

只有一、二個人舉手。無一例外是基本菜色較多的店，或是為了分類配菜而放成二頁。

讓我們看一下 30 多年來深受顧客喜愛的柳川冷麵的照

片吧。第一頁沒什麼差別,但是第二頁與普通餐廳截然不同。附加菜單下方可以看到19個追加的訂單明細。

> 香油╳,辣醬╳,辣醬單獨(湯),辣醬單獨(拌),小黃瓜╳,芝麻╳,餃子先,韭菜餅先,冰塊╳,煮爛,量大,冷湯,碗,蘿蔔泡菜,剪開,辣醬少,保留,全部分開,小黃瓜加點

令人難以想像的事在現在這一瞬間也正在發生。

不喜歡香油就幫客人去掉,不喜歡辣的就另外放,部分顧客覺得小黃瓜和芝麻的氣味讓人不舒服,他們連這樣的的喜好也都考慮在內。為了希望先吃餃子再吃冷麵的人安排了上餐順序,為牙齒敏感怕冰冷的高齡者去掉冰塊,為老年人增加煮麵的時間。對於身材較壯碩的人店主會先問「麵量要不要加大」,為了想再喝冷湯的人多送一碗湯。兩個人來店但只點一碗的話,不是多看一眼而是給一個空碗讓他們分食。給喜歡吃蘿蔔泡菜的人多一點量,為了方便外帶的顧客們拌開麵而提供剪麵服務⋯⋯

這都是聽了會讓人暈倒的事。不,是在一般餐廳裡難

以想像的事。

還有，「保留」選項是因為有帶寵物所以兩位客人用餐時先保留一碗，之後客人吩咐時再送出；「全部分開」是指麵條、調味醬和配菜全都分開給，以及為了需要更多小黃瓜的人，可以追加單點小黃瓜。

柳川冷麵的態度精準體現了「涉入創造價值」的說法。柳川冷麵將冷麵這一低涉入度的產品打造成高涉入度的產品。也就是說，因為反映了眾多顧客的苦惱和意見，讓人更加感受到了價值。日本拉麵店中選擇湯汁濃度、麵條硬度、有無配菜等等也與涉入度有關。

在全世界享有超高人氣的奇波雷墨西哥燒烤（Chipotle Mexican Grill）、逐漸形成強大粉絲群的 Subway 等店也採取了讓顧客參與進而提高價值的可怕戰略。反映自身的意見是至高無上的價值，只有獲得比自己支付的金額更高的價值，顧客才會持續到訪。

如果還沒有掌握這個概念，牛排店也是一個容易聯想的例子。通常一萬韓元左右的牛排會全權交給店家料理。但如果價格超過三到四萬韓元，服務生就會問肉要幾分熟？在豪華西餐廳或超高價的日式無菜單料理中，顧客才能有這種參與。

但是柳川冷麵比他們更早，從以前就一直堅持這項策略。感謝每一位來到自家店裡的顧客，因此滿足顧客的口味，崔道賢（音譯）代表的眼神雖然溫和，但透過眼鏡映出的眼神卻很犀利。如果真的把顧客當家人，就不能隨便對待。只有從點餐階段開始就一一聽取意見，雖然已經做得夠多了但仍要帶著很抱歉無法再為你做更多的心態來接待顧客，顧客才會點頭認同各位。

以忙碌為由，使用統一規格的系統，對所有顧客一視同仁，結果這些顧客就變心了。只要各位能保持這個態度，將會取得競爭者們都意想不到的成績。

更令人驚訝的是，這還沒完。希望你看到照片（第290頁）時會像我一樣熱血沸騰並臉頰發燙。

1.「鹹╳」是指讓排骨湯、湯飯或年糕餃子湯的調味清淡一點。

2.「少辣」可以調節辣湯飯的辣味。

3.「蒸一下」是體貼外帶客人的選項。只要蒸過三分鐘後再包裝，再復熱的時候就不會散開。

4.「酥脆」是指把韭菜煎餅煎得更酥脆。

물냉면 8,000원	물냉면(옵션) 8,000원	물냉면(포장) 8,000원	물사리 3,000원	김치왕만두 6,000원	김치왕만두 (포장) 6,000원
비빔냉면 8,000원	비빔냉면(옵션) 8,000원	비빔냉면(포장) 8,000원	비사리 3,000원	고기왕만두 6,000원	고기왕만두(포장) 6,000원
회냉면 9,000원	회냉면(옵션) 9,000원	회냉면(포장) 9,000원	사리(포장) 3,000원	반반만두 6,000원	반반만두(포장) 6,000원
갈비탕 12,000원	갈비탕(포장) 12,000원	부추전 6,000원	순메밀온면 10,000원	새우만두	새우만두(포장) 6,000원
육회냉면 13,000원	돼지불고기 9,000원	돼지불고기(포장) 9,000원	맑은온반 8,000원	얼큰온반 8,000원	

◆ 부가메뉴

참기름X *속성	다대기X *속성	다대기따로(물) *속성	다대기따로(비빔) *속성
오이X *속성	제X *속성	만두면저 *속성	부추전면저 *속성
얼음X *속성	푹살기 *속성	양많이 *속성	찬육수 *속성
그릇 *속성	무김치 *속성	가위질 *속성	다대기적게 *속성
보류 *속성	모두따로 *속성	오이따로 *속성	

◆ 부가메뉴

푹살기 *속성	간X *속성	덜맵게 *속성	살짝김만 *속성
찌기 *속성	바싹 *속성	보류 *속성	따로 *속성
모두따로 *속성	차갑게 *속성	식후 *속성	파X *속성
후추X *속성	소면X *속성		

柳川冷麵是唯一一間為數百名顧客客製化餐點的餐廳。
反映顧客的意見是至高無上的價值。

5.「餐後」是指外帶的客人要求在飯後帶走熱的或冷的
　料理。

　　經濟不景氣、消費萎縮、平壤冷麵熱潮⋯⋯ 無論外在
威脅多麼強烈，柳川也毫不動搖。因為這裡是唯一一家滿足
所有來訪顧客全部喜好的店。

推薦菜色和熱門菜色

「哈姆雷特綜合症」（Hamlet Syndrome）一詞出自莎士比亞的代表作《哈姆雷特》（*Hamlet*），劇中高喊出的臺詞「生存還是毀滅，這是一個值得考慮的問題」（To be or not to be, that is the question.）忠實地反映了人類選擇障礙的情況，我們在一年365天裡都苦惱著要選擇什麼。若要解釋這是因為資訊泛濫或選擇範圍太廣所造成的，總有些地方讓人無法釋懷。

選擇很多就一定會選擇困難嗎？是不是因為那些選項看起來都一樣呢？我為這個現象苦惱了很長時間。為什麼大家一直都沒有選擇我的品牌？是因為有很多其他可以選的嗎？

這個嘛，我想換個角度來解答這個問題。人到底為什麼會苦惱呢？這很容易回答，因為不想後悔。人類極度討厭後悔。就像點了炸醬麵卻後悔沒有點海鮮炒碼麵一樣，日常生活裡總是充滿了後悔。「衣食住行，生老病死，喜怒哀

樂⋯⋯」人生是從後悔到下一個後悔的連續。如果能解決這個問題，也許會是一項非常有意義的工作。那麼，站在顧客的立場上，他們到底在後悔什麼？用一個字說明的話，那就是⋯⋯

吃、虧

人實在是非常討厭吃虧。如果在某個地方吃了虧，即使只是小事也會想著一定要報復。當非常苦惱時，大腦的能量消耗就會增加，如果已經消耗了能量，結果還是做出了後悔的決定，這件事就更讓人倍感羞愧。無論是餐廳、醫院、汽車旅館或任何地方都一樣。有一種方法可以防止這種後悔或吃虧發生，那就是，人很脆弱，對自己做出的判斷會覺得很有壓力，所以會看別人的臉色，會好奇除了自己以外的其他人通常會做出什麼選擇呢？結果就產生了趨勢。因為不想在參考群體（reference group）或同齡團體中只有自己一個人孤零零地成為異類。

「有 1 萬 5000 名顧客都選擇了這項商品，請盡快撥打訂購電話！」

電視購物主持人的話讓人心跳加速也是因為這種心理

@ 大邱綠香烤肉

Best 和 Hit。

當顧客開始考慮要選擇什麼時，你已經輸了。

你應該要凌駕一切選項。

作用。滿街都是黑色長版羽絨衣，爭先恐後地在平壤冷麵專賣店前排隊等等，這些都是因為人類太脆弱。把這點也實際應用到店裡吧。

「想吃些什麼？」
「什麼最好吃？」
「都滿好吃的……」

不要進行這種令人筋疲力竭的對話，不如用兩個單字來幫助控制顧客的購買行為。

推薦菜色和熱門菜色（Best 和 Hit）

來看一下菜單吧。你的菜單內容很有可能是用相同大小的統一字體寫的，在這些菜單選項前貼上推薦和熱門菜色的貼紙吧。熱門菜色要貼在哪裡？是的，就是客人最常吃的品項！那麼推薦菜色呢？這就看老闆的想法了，可以貼在新菜色上，也可以貼在最近備受矚目的品項上。

其實，只要選擇各位最想賣的菜單，也就是最有趣、最有看頭的菜單貼上貼紙就可以。這裡再告訴各位一個祕

訣，為了讓顧客看得更清楚，推薦和熱門菜色的字體要放大並加粗，然後再附上誘人的照片吧，一定要把一看就讓人垂涎三尺的高熱量照片放在旁邊。各位現在正在進行的是非常了不起的作業，在韓國600萬個自營業者中，只有不到1%的人知道這個祕密。現在你知道了，當顧客開始考慮要選擇什麼時，你已經輸了，你應該要凌駕一切選項，要避免讓顧客被各種菜單吸引而分散了注意力。只有這樣才能產生和競爭者間巨大的鴻溝，只要差距太大，其他人很容易就被忘記。要製造一旦附著在大腦上就絕對不會被忘掉的超級差距，這就是「推薦菜色」和「熱門菜色」。

「你選擇的是眾人認證過的美味菜色。在我們店裡不用煩惱，只要盡情享受餐點就可以了。」

不要光說，現在馬上印貼紙出來貼上吧。

打造只屬於你的象徵

　　價值是指相對應的值。有價值還是沒價值，最終還是取決於比支付金額得到更多還是更少用處。為了創造價值，勞動力是必須的。無論是肉體還是精神上的，只要投入了勞動力，價值就會得到認可。

　　剛捕撈上來的黃魚需要時間和勞動過程才能變成黃魚乾。如果是同樣的尺寸和重量，那麼多花功夫的會更有價值。雖然是在同一塊田裡生長的白菜，一旦投入勞力醃製就會變成醃白菜，價格也會翻倍。

　　但是無論投入多少勞力，如果顧客不認同勞力的價值，產品的價格和價值就無法得到認同。黃魚乾之所以得到很高的評價，是因為我們知道加工業者付出的勞力。如果把剛抓上來的黃魚放在連假髮都能吹走的靈光*海風中晾乾，就會變成黃魚乾。把它放入裝有大麥的罐子裡再發酵一次，

---

* 韓國全羅南道西北部的一個郡，西邊臨海，北界全羅北道。黃魚為當地特產。

就完成了知名的下飯配菜大麥黃魚。讀這段文章的時候，有沒有感覺到每一行的價值都在提升呢？

　　把黃魚乾泡在淘米水裡，蒸過和燒烤，端上韓定食餐廳的桌上。如果再投入一次勞動力，黃魚乾將得到無與倫比的最高級待遇。從圍裙中取出一次性手套的服務生分離頭部，開始剝開魚肉，一行人都屏住呼吸觀看這一幕，不約而同地吞了口口水。看著服務生小心翼翼地分離魚刺和肉的樣子，讓人想起了綠茶泡飯。是誰最先引進的並不重要，把黃魚做成黃魚乾，剝下魚肉，放進冰涼的綠茶茶湯裡和米飯一起吃，這樣的創意簡直就該頒發勳章。

　　讓我們重新回到價值的話題上。我們懶得證明自己投入的勞動力，但如果沒有證據，顧客是不會相信的。

「靈光大麥黃魚」
「吹了72小時的靈光海風，在大麥缸裡發酵
　了半個月的靈光大麥黃魚」

　　重點是這個。與其說修飾大麥黃魚的單字增加讓價值上升（當然字數也發揮了特別有效的作用），不如說投入的勞動力被描繪成具體形象，因此獲得價值上的認可和金額超

過普通黃魚。細微的差異造就名牌，細節造就價值。因此，「讓我們說明一下你認為理所當然的事情吧。」

我想講這個故事，所以前面鋪陳很長。在各位的所有產品中，讓我們重新拿出認為是理所當然的部分來看看吧，然後一步一步附上說明。誰都不關心的醃蘿蔔冷藏溫度、涼拌鮮辣白菜的鹹度、大醬湯的水量、拌飯的配菜數量、炸豬排的厚度……要說明已經在營業場所中進行的，看似理所當然的事情。

3°C醃蘿蔔

鹹度降低15%的健康涼拌菜

320ml 大醬湯

7道海鮮配菜的統營拌飯

170mm厚炸豬排

在說明理所當然的事情時，勞動力和價值會滲透到產品和菜單上。這並不是空擺架子，而是持續向疑心的顧客提供證據，讓他們可以放心。只有找到本來認為理所當然而沒有提及的價值，並告知顧客，各位才能得到認同。

@ 大邱 龍池峰

我們懶得證明自己投入的勞力。

沒有證據,顧客是不會相信的。

在說明理所當然的事情時,勞動力和價值會滲透到產品和菜單上。

　　說實話，作為顧問，到目前為止取得的成果並不多。我只是根據基本情況深入挖掘，但遇見新資訊的顧客們認為這是新鮮的刺激。很多時候這會成為招牌菜，讓店主能偷偷微笑著喝燒酒。

　　各位已經夠有魅力了，只是沒有教練和經紀人教你如何展現魅力而已。如果在現在的菜單中，有覺得可以特別強調的品項，不要猶豫了，和員工們討論一下，拆開並分解菜單，積極展示其長度和重量、鹹度和甜度、發酵日期等等的內容吧。

　　「招牌菜」（signature）並不單純只是意義上的差異化，而是成為代表選手，代表本店的唯一特徵。無論是誰都不得不承認的，在同種菜色中最突出的核心重點，也是成為代名詞的祕方。如果使用昂貴的英國馬爾頓海鹽，就會成為「肉品業中最早引進馬爾頓海鹽的品牌」。

　　「香脆烤肉的代名詞」、「韓國國內第一家贈送海鮮火鍋的店」、「最誘人的蕎麥涼麵」……

　　成為該類別的代名詞，無論銷售額或客流量如何，都會成為能夠說明各位的烙印。打造只屬於你的象徵，讓人們可以區分，進而做出差異化。

　　只、有、這、樣、才、能、強、烈、地、持、久、

地、留、在、記、憶、中。

留在這裡。

如果加上各位和工作人員真摯的勞動表演，將會帶來核彈級的刺激。投資一到二分鐘，讓各位的招牌菜脫穎而出吧。

我突然想起了崔賢錫（音譯）廚師撒鹽的樣子。不管是不是計劃好的，只要是在韓國見過崔大廚的人，都會想起他的表演。不可否認的是，這一簡單的行為發揮了關鍵性的作用，讓他與其他的廚師有了區別。

韓服奶奶和 Kakao talk

結束公開演講離開時，我被一位臉色陰沉的年長女性抓住了手臂，我下意識地看向她，但心情卻不怎麼好。當時大概有十幾個人想問我問題，但因為對方手勁太大，我一下子就被抓住了……

「除了賣吃的生意以外，你也可以解決韓服匠人的難題嗎？」

周遭很多人圍觀，所以我無法冷淡地拒絕。

「是什麼樣的難題呢？」

「來做韓服的人都說很貴。」

瞬間，「勞力」和「價值」二個詞在我腦海中閃過。

「訂好韓服後通常多久可以去拿？」

「一到二個月。」

「那這段期間會聯絡對方嗎？」

@ 大邱 剛剛好牛皺胃

「拜託請拍一下製作過程吧。」
請毫無保留地展現出各位努力流汗的樣子。
展現出多少，顧客認同的價值就有多少。

　　這位中年女性搖了搖頭。是的，在接受訂單後，直到完成為止，中間都沒有任何聯絡，因為沒有必要聯絡，在韓國製作韓服的人幾乎都是這樣的。在此之前我有輔導汽車維修廠的經驗，因此提出了這樣的想法。

　　「把製作韓服的每個階段都拍下來傳給客人吧，客人會非常開心的。既然你說韓服製作過程要經過九個階段，那應該三、四天傳一次就可以了。你有客人的電話號碼吧？」

　　大概過了二個月吧？那位女性傳了簡訊來。

　　「金老師，謝謝你。我拍照後用 Kakao talk 傳給客人，客人的反應很好。我還是第一次感受到這種心情。」

　　站在消費者的立場上就能理解，付錢的顧客希望賣家為自己傾注全力效勞。如果只是在時隔二個月後接到「請來拿韓服」的通知，就不會認同中間的任何價值。相反地，看到接下自己訂單的賣家辛勞的樣子，雖然會感到抱歉，但心情會變得很好。那是因為感覺所支付的金額已經回本了，不，甚至覺得賺到了更多。

　　前面短暫提及的汽車維修廠故事就是這個。大部分把愛車交給汽車維修廠的車主都憂心忡忡，我的車真的需要花那麼多錢修理嗎？老闆會用原廠零件嗎？要擔心的事不止

@ 京畿道光明市 Balssamtang（豬腳、菜包肉、馬鈴薯排骨湯專賣店）

顧客買的不是商品，顧客買的是滿足。
就像不會記得醫院是哪間，而是因為相信那位醫生，
不是因為餐廳，而是因為在餐廳裡得到的體貼和招待。

一、二件。萬一他裝的是過保的輪胎怎麼辦？說實話，比起擔心，更接近於懷疑。

　　真正的價值、真正的滿足在懷疑變成安心的一瞬間，就會「嗒啦！」登場。拍攝原廠零件開箱的過程並傳給顧客、即使麻煩也要拍下正在修車的樣子，說明「維修過程是這樣的」，只要這樣的一句話就能解決所有懷疑。顧客非常單純，只要店家信守承諾，為買家付出努力，他們就會成為

店家的傳道士，盡心盡力宣揚店家的善行。

　　人類有為別人添了麻煩就會想償還的本能，但這不是誰都能做到的。即使教了一百遍，還是有店家因為嫌麻煩或忘記而沒有向顧客展示自己的勞動過程。這是商業中最重要的價值，但有很多人不知道就這樣帶過了。因此我要不厭其煩地再次強調。

　　「拜託拍一下過程吧。請毫無保留地展現各位努力流汗的樣子。不論是上市場買菜、做豆腐、學藥膳、測試包裝……展現出多少，顧客認同的價值就有多少。所以不管是線上還是實體，拜託大家展示一下製造過程吧！」

　　有很多做到的人已經在回收成效。李泰芬（音譯）女士將小蘿蔔泡菜和五花肉搭在一起而成為熱門話題，她在Facebook上傳了自己去田裡買小蘿蔔的影片；以「韓食大賽」冠軍而成名的龍池峰餐廳金秀珍（音譯）代表拍攝了和妻子一起買菜的樣子；清州日本料理的代名詞 Aki Aki 主廚張明旭（音譯）拍下每週二到三次在鷺梁津水產市場參與拍賣的畫面；故鄉畜產物的社長金柱日（音譯）每天早上都會轉播自己的農場收穫包飯蔬菜的畫面。

　　別人嫌麻煩的事最終會取得勝利。不管是住宿業、醫院、物流業、製造業,都要向顧客呈現過程。顧客買的不是商品,顧客買的是滿足。就像不會記得醫院是哪間,而是因為相信那位醫生;不是因為餐廳,而是因為在餐廳裡得到的體貼和招待。如果不想讓任何人追上你,請記錄和宣傳過程吧。競爭者甚至連追都不敢追。

　　大概又過了半年吧?韓服社長又傳了訊息。

　　「我最近去學了拍影片。明年一定會透過影片展示我做韓服的樣子。謝謝你。」

　　最近這世界看起來真美麗。

從大邱河豚湯學到的東西

　　如果要選出全韓國河豚湯最有名的地區,應該就是釜山了。因為釜山河豚湯經常出現在媒體上,不僅味道清爽,認知度也高,因此有眾多粉絲。與此相比,尚未廣為人知的河豚湯魅力地區有大邱、統營、木浦、麗水等。其中,大邱的河豚湯給了餐飲業老闆們很大的啟示。

　　對於一提到河豚湯就會想起砂鍋的首爾鄉巴佬來說,這是很大的衝擊。在名為海金剛的河豚湯店,服務生帶我到位置上後一看……咦?沒有砂鍋。幾乎每張桌子上都擺放著用方字鍮器*承裝的河豚湯大餐。正如牛津大學交叉模式研究室(Crossmodal Research Laboratory)所述,有重量的餐具會讓顧客更願意付錢。

　　你可能會問這是什麼意思?舉例來說,即使是同樣的

---

*以韓國傳統技法打製而成的餐具,自古以來一直是韓國王室御用。

三養泡麵，裝在美耐皿餐具裡，和裝在白瓷器裡，顧客願意支付的金額不同。原本的實驗是用牛排，該實驗驗證了當牛排裝在露營用的碗裡，和將牛排裝在高級餐廳的盤子裡，受試者願意以更高的價格支付給較重的碗裡裝的肉，大概增加了18%的價值。然而，如果向受試者說明了這件事再收取相應金額，對銷售不會有太大幫助。但如果價格維持相同，顧客會認為有重量的餐具裡裝的食物價值提高了18%，因此顯然會認為這個價格很親切。這就是上課時一直強調要用重的餐具的原因。

嗒啦～

一臺推車靠近桌旁，上面放了一個大鍋。服務生打開蓋子，用筷子撈出豆芽和水芹菜，但沒有往底部撈，應該有什麼原因吧？每人有二個大碗，撈出來的蔬菜放在其中一個，之後再拿起第二個大碗，把魚肉和剩下的蔬菜放進去，隨即舀了湯倒入並推向我。嗯？然後呢？前一天喝多了酒，我的胃難受得要死，但目光卻總是看向其他碗。我的疑惑在短短五秒內就被解開了。

服務生將先放入方字鍮器裡的蔬菜以調味醬拌勻。大邱河豚湯沒有放過制定差異化戰略的各種想法，這是個了不

起的點子。只要是稍微學習過心理學或行為經濟學的人都能知道這間河豚湯做了多麼有意義的決定。

只送上河豚湯的店 V.S. 提供即食拌飯的店

你會選擇哪一間？在客人面前展示員工的勞動力，在距離客人不到一公尺的推車上，店員正在為「我」攪拌豆芽和水芹菜。這是不亞於飯店自助式早餐現點現煎歐姆蛋的樂趣。哦吼～把涼拌菜升級為料理的祕訣就是這個。

這就是設計。有品味、美麗、誘人並不是設計，而是從現有的河豚湯類別中理直氣壯地走出來，發射出屬於自己的訊號，這就是「de+sign」。大部分的河豚湯店都不會發出這樣的訊號，這不是誰都能挑戰的點子。容易用員工當藉口、用廚房當藉口、用動線當藉口……甚至很有可能連嘗試都不嘗試，編造傲慢的藉口。總共需要90秒左右的這個服務設計創造了價值。

當然，大邱並非所有的河豚湯店都是這樣。有些店是讓客人自己拌著吃，有的是裝在白銅鍋裡，也有店家在剩下的湯裡放入泡麵煮來吃。什麼？河豚湯配泡麵？一開始我也很慌張，河豚泡麵，喔我的天啊！在泡麵煮熟時我得出了這樣的結論：普通的泡麵大約是3000韓元左右，但是我們的

大腦給了牛骨泡麵和河豚泡麵很高的分數。只是放了1000韓元的麵條而已，但我們的大腦正在吃大約4000～5000韓元的特製拉麵。自我催眠，真是一場精彩的比賽。在以顧客為對象的心理戰中，堂堂正正地取得了K.O勝利。

明太魚湯、辣淡水魚湯、韓式部隊湯、豆芽湯飯……這是可以帶入任何菜色，像寶石一樣的系統。如果獲得了令人咋舌的想法，卻因為大腦中的懶猴而不理睬，那麼這是作為自營業者的失職，你將無法擺脫破產。

「光靠幫顧客拌菜的服務就能創造出設計、交換價值、新的體驗、表演！謝謝大邱河豚湯。」

用權威和價值全副武裝

定錨（anchoring），努力學習的自營業老闆們對這個概念想必已經很熟悉，但對於十個人中的其他九個人來說，這無疑是一個陌生的概念。這是一個在諮商、經濟學、體育學、心理學等領域經常出現的用語。在此說明一下行為經濟學中使用的定錨概念。字典中對定錨是這樣定義的。

因為特定數字或基準點發揮作用，影響後續判斷的現象。這是由心理學家暨行為經濟學的創始人丹尼爾・康納曼（Daniel Kahneman）和阿莫斯・特莫斯基（Amos Tversky）提出的概念，指像放下錨的船無法移動一樣，最初提出的數字發揮了基準點的作用，使人無法進行合理的思考，以致影響後續判斷。當人們在資訊或知識不充分的情況下行動或做出決定時，往往依賴直覺思維，這種思考方式被稱為捷思法（Heuristic）。定錨效應可以看作是捷思法的一種，也被稱為「基準和調整捷思法」、「停泊效應」、「錨定

效應」等。（參考自斗山世界大百科事典）[*]

　　我們已經充分融入在定錨效應中。例如，遇到大型超市的打折活動、買一送一活動時，就會這樣想「啊～這間超市整體的價格應該很便宜吧！」、「天啊～衛生紙、洗碗精、尿布、泡麵……生活必需品最低價保證？這裡的價格都很便宜耶！」

　　也有相反的情況。走進百貨公司的精品店，看到一個價值3000萬韓元的包包，世界頂級明星和經常出現在電視上的富家千金們都拿著並成為話題的就是這個包。如果這個價格像錨一樣嵌入大腦，剩下的其他產品相對來說難免會顯得比較便宜。大腦出現印記後，就會成為標準，並影響判斷。當價值3000萬韓元的名牌包成為錨時，那麼價值600萬韓元的包感覺就像口香糖一樣便宜。

　　既然無法大量賣出，為什麼要生產汽車、手錶、皮包等等高價的商品呢？這是為了刺激廣大普通消費者的需求。不是只有超級價差可以製造出錨，為了打造錨，還會採取「添加」策略。幾乎所有公司都會在現有產品中多添加一、二項技術，例如多添加一個刀片，或在牙膏裡加上顏色、多一層乳酸菌等等，並加上「NEW」、「SUPER」、

「PREMIUM」等修飾語。目的有兩個。一是擔心顧客對現有產品感到無聊而持續開發，二是按照投入的技術提高價格，使現有產品的價格相對便宜，從而促進銷售。自營業者的品牌和店面雖然沒有策略企劃組，但可以直接應用這個方法。

如果想讓自家的主力武器──13000韓元的五花肉──看起來相對便宜，只要做出一個以技術、技巧、權威和價值武裝的錨就行了。

二次熟成五花肉 16,000 韓元

五花肉 13,000 韓元

總感覺少了2%，想再多推一把。這種時候，只要再放進一個輔助的錨就沒問題。這次請看下面。

二次熟成五花肉 19,000 韓元

五花肉 13,000 韓元

五花肉泡菜鍋 12,000 韓元

＊由韓國斗山集團子公司出版的百科全書。

當然，既會努力進行二次熟成，泡菜湯裡也會放很多豬肉。

「用冷凍五花肉或進口五花肉代替泡菜鍋如何？」

來做一下實驗吧。

二次熟成五花肉 19,000 韓元

五花肉 13,000 韓元

冷凍五花肉 10,000 韓元

這看起來很理所當然。自家的五花肉因為利潤好，所以想多賣幾份，但價格看起來並不親民，善用錨是為了說服顧客。冷凍肉比冷藏肉便宜是理所當然的事實，但如果加了五花肉的泡菜湯是 12000 韓元，那麼五花肉 13000 韓元確實很便宜。安排這麼確實的品項，顧客就會點頭。所以為了突顯主打料理，我們來準備上方與下方的錨吧。下方的錨比想像中貴就可以。

二次熟成五花肉 19,000 韓元

五花肉 13,000 韓元

韓牛大醬飯 12,000 韓元（或薄冰蕎麥涼麵
12,000 韓元）

韓牛大醬飯和蕎麥涼麵怎麼可能賣到 12000 韓元？我
經常被問這樣的問題。讓我們考慮十秒鐘。

10、9、8、7、6、5、4、3、2、1

增加量就行了。如果想更親切一點的話，「韓牛 150g
大醬飯」、「冰涼蕎麥涼麵二人份」。不管什麼都可以當成
下面的錨，那是突顯主打菜色的上下保鏢，不，你只要記
得，錨會幫助說服顧客。

最重要的是，自己銷售的產品看起來相對親民，從而
創造出「無中生有的需求」，就像床不是家具一樣，價格不
是數字。這是科學。

結語
一年 **365** 天 **24** 小時都是內容

前作《做生意，用戰略》曾向學院的學員們介紹過「將市場變成自己的」的特級祕訣，非常簡單。

「不用多也不用少，請每天增加 1% 的銷售額。」

然後收取目標金額。

「平均銷售額是 150 萬韓元，1% 的話是 1 萬 5000 韓元對吧？只要增加剛好 1 萬 5000 韓元就行了對吧？」

「哈哈哈，沒錯，就是這樣。不管用什麼辦法，只要比昨天多賺 1%。」

如果平均是 50 萬韓元的話，就是 5000 韓元，日均銷售額是 500 萬韓元的話，就是 5 萬韓元。每天只增加 1%，如果抓到二倍當然很快就會成為大財團，但這 100% 會失敗。然而只要一百分裡面的一分，也就是 1%，就不會太有負擔，看一下下列內容吧。

平均銷售額1,000,000韓元

第一天目標1,000,000韓元 ＋10,000韓元＝1,010,000韓元

第二天目標1,010,000韓元 ＋10,100韓元＝1,020,100韓元

第三天目標1,020,100韓元 ＋10,201韓元＝1,030,301韓元

第四天目標1,030,301韓元 ＋10,303韓元＝1,040,604韓元

第五天目標1,040,604韓元 ＋10,406韓元＝1,051,010韓元

第六天目標1,051,010韓元 ＋105,00韓元＝1,060,510韓元

第七天休息日

第八天目標1,060,510韓元＋105,051韓元＝1,165,561韓元

……

　　目標愈細分，實現的可能性就愈大。不過就一萬韓元，只有改變想法，態度和習慣才會改變。如果真的想改變人生，可以拚命增加1%。一萬韓元的肉品只要再多賣一人份就可以了，5000韓元的漢堡只要再多賣二個就可以了。如果是1000韓元的糖餅就再多賣十個吧。話說回來，到底要從哪裡開始、怎麼開始比較好呢？寫下來吧，不用太費力就能做到的事有什麼呢？

　　首先，應該要有更多顧客來，或者要提高單價。後者

不是那麼容易的事，既要學習錨定，又要懂得行為經濟學，這樣才能操縱顧客。如果貿然行動，很有可能會遭到顧客的抵抗。那結論是什麼？要專注於前者。早上起床後馬上在 NAVER 部落格、Instagram、Facebook 等搜尋主題標籤（hashtag）吧。為了增加顧客，我們不能坐著枯等，應該要用主動出擊的服務來引誘客人上門。

#金祐鎮刀削麵

對於顧客們的反應——給予答覆吧，這是不需要花錢就做得到的事，對好評要表示衷心的感謝。

「非常感謝大家這麼支持我們家。九十度鞠躬！下次來店裡我送你一杯生啤。」

如果有差評，不要迴避，坦率地道歉。

「一切都是我們的失誤。是我們的錯，還請多批評指教。為表示反省，贈送一張免費品嘗

券給你。」

　　先找上門就能獲得顧客的反應和評價。然後每天上傳三次影片，展現在自家店面為顧客努力的樣子吧。放入泡菜、榨油、醃白菜、搗辣椒……一年 365 天 24 小時的內容。如果不告訴顧客自己嘔心瀝血的內容，他們是絕對不會知道的。動員所有顧客管理系統，向一週內沒有回訪的顧客發送通知訊息。因為一不小心就會被丟進垃圾訊息匣，所以要盡可能地傳送有用的資訊。不是為了賣東西苦苦掙扎，而是為了和顧客建立關係而努力。免費表演、展示會、打折資訊、米其林指南、《週三美食匯》的美食店家情報……寶物愈翻找愈多。別忘了，只有累積起一層、二層、三層的好感，才能成為信任。引導顧客做出「這位老闆做的食物肯定是為了顧客」的判斷。當天氣變陰，就拍下煎泡菜煎餅的影片傳過去吧。

　　「天氣看起來陰陰的，可能要下雨了。今天中午會煎好泡菜煎餅，讓你吃上一頓熱騰騰的午餐。」

　　試想一下，當這樣的訊息和煎泡菜餅的影片一起傳過

去時，遊戲勝負就成定局了。再反復強調一次，沒有刺激就沒有反應。如果忘記顧客大腦中有面鏡子，你就完蛋了。要讓客人流口水，他們才會把腳步轉向你的餐廳。

想要更有效率地完成「每天提高1%銷售額計畫」，方法就是提前記在行事曆上。今天還有明天要做什麼，提前制定好，並養成習慣。幾乎沒有自營業者能夠戰勝這些，我保證600萬人中有595萬人不知道，而知道了這些的你，要把顧客請到自家店裡自然會更容易。請各位要更相信自己，相信自己的能力、熱情和熱愛才是正解。如果你不相信自己，就沒有顧客會相信你，讓我們勞記在心：

「信任萬歲，不信任閃邊！」

附錄

- 如果覺得「就是這個了」，請在 72 小時內執行
- 製作QR Code

如果覺得「就是這個了」，請在 72 小時內執行

「人氣是可以證明的。」

「要想證明，必須有證據。」

「好吃的話應該就會有口碑……快拋開這種安逸的想法吧。」

「口碑就像病毒一樣，一旦傳播就很致命。」

「請不斷告訴我這是不會讓我後悔的選擇。」

「請讓我覺得後悔吧，後悔去吃別人家的東西。」

「請徹底消除顧客的苦惱和痛苦，消除顧客不來的所有

理由。」

「然後讓顧客感受到痛苦。因為無法在我們家以外的地方得到這種體貼或實惠而痛苦。」

從「做生意，用戰略」學院出來的人正在撼動韓國的餐飲業。

在 Facebook 或 Instagram 上出現 #客滿 #候位 #最高銷售額的標籤時，我就會興奮不已。特別是與我有關，或完成做生意用戰略課程的夥伴們的文章時，我就會歡呼雀躍。成為勝者的大腦並不像說的那麼容易，經常有人將最高銷售額這一詞理解為「瘋狂賺錢」的象徵，大錯特錯。

《做生意，用戰略》中提到的最高銷售額，是指在制定非常小的目標後為實現目標而制定縝密戰略，在一步步上升、經歷反復嘗試錯誤的過程中分泌腦內啡和多巴胺，從而導致幸福感上癮。

收錄在這裡的照片只有其中的 0.1% 左右。高基里蕎麥涼麵，在人潮最多的旺季一天能創下翻桌 30 輪的紀錄，是大韓民國最厲害的蕎麥涼麵店。現在已超越蕎麥涼麵的代名詞，獲得了「比平壤冷麵更好吃的蕎麥涼麵」稱號，滿意度非常高的麵店代表上傳了一張照片，但不是麵的照片，而是

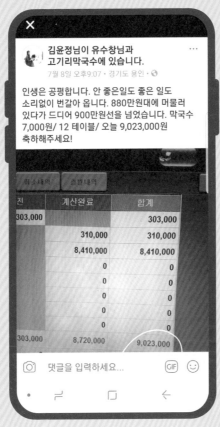

圖①

人生是公平的，好的事和不好的事悄無聲息地交替出現。之前一直停留在 880 萬韓元左右，終於突破了 900 萬韓元大關。

蕎麥涼麵 7,000 韓元／ 12 桌／今天請為我們慶祝銷售額連到9,023,000 韓元！

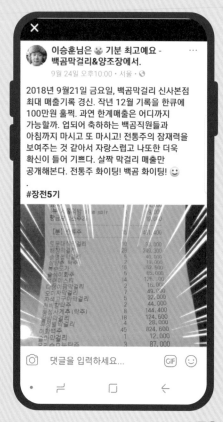

圖②

2018 年 9 月 21 日星期五，白熊馬格利新沙總店刷新最高銷售紀錄。
去年 12 月創下的紀錄是 100 萬韓元。究竟銷售額的極限能達到什麼
程度呢？和歡慶的白熊店員們一起喝到早上然後再繼續喝吧！我感到
非常自豪，這展現出了傳統酒的潛力，我也對此更有信心，真是太高
興了。稍微公開一下馬格利酒的銷售額。傳統酒加油！ 白熊加油！ :-)
做生意，用戰略第 5 期

POS機的照片（圖①）。

被稱為傳統酒傳道士的狎鷗亭白熊馬格利的李承勳代表也上傳了這樣的照片（圖②）。

附上標著 #生戰 #做生意，用戰略 #金祐鎮的主題標籤。我不認為是為了給我看而特意打上了hashtag，可能是想展示實際應用課堂上聽到的內容而得到的成績單。看著這樣的文章就會產生力量。不需要維他命、奶薊、Omega 3……他們的最高銷售額對我來說就是維他命。

10年到20年是基本，刷新開店30多年來最高銷售額的人也不止一、二個。被稱為大邱最佳麵館的太陽刀削麵在開業近40年後創下了驚人的紀錄（圖③）。

他是位屬害的人。幾乎每天都會設定好時間記錄廚房發生的事、顧客的故事、為開發食物付出了多少努力等等，記錄下食物的照片和影片。這股良善的氣息透過網路像病毒一樣蔓延開來。

在這裡等一下！

我想指出一個重點，人氣是需要證明的，不舉證就毫無意義。沒有證據，誰會相信呢？用了好的材料？抱著必死的決心做出讓家人吃的料理？那是真的嗎？如果是真的呢？如果自家餐廳真的很好吃，而且任何顧客都不會後悔的話，

這樣賣吃的
成為活下來的那**5%**

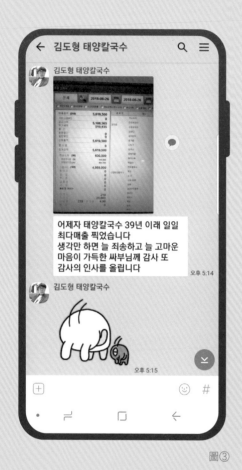

圖③

昨天太陽刀削麵刷新了 39 年以來單日最高銷售額。向光是想到就感
到很抱歉但也總是充滿感激的師父表示感謝再感謝。

那就必須堂堂正正地公開。如果不想被當成和眾多競爭者相同水準，就要振作起來，告訴顧客這是不會讓你吃虧的選擇。

顧客想要的就是這個。他們希望店家不要光是嘴上說說，而是要公開高人氣和獲得人氣的祕訣。自己的錢有多重要，顧客的錢就有多重要。這是好不容易賺來的錢，怎麼能用在隨隨便便的店呢？誠實地講出從購買食材到處理、烹飪的過程，以及享受這種味道的人們的故事，這就是親切和服務。再次重複強調，親切是將懷疑變成安心，這真的很重要。心有懷疑的話，難免會後悔自己做出的決定。因此我們要每天記錄並展現進化的面貌。

這樣看來，我想起了韓國第一夫人也曾造訪過光州的節氣飯桌。這家店的小老闆外號是野菜先生，身材魁梧的年輕男老闆著迷於野菜，並對用來招待第一夫人的野菜做了詳細的記錄。

「擁有褐色光澤的茄子姿態非常高雅，像披著毛皮一樣。因為擁有多種營養，相信能帶來豐富的味道。茄子先泡三至四小時後再煮十分鐘左右……」

他每天藉由影片展示製作野菜的過程。當懷疑變成安心，就會產生好感，信賴也會加深。我們總是在談品牌化，品牌化用一句話概括就是讓別人相信我說的話。並不是只有

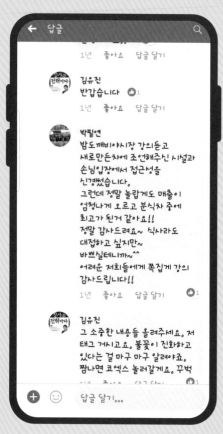

圖④

聽完講課後，我在新餐車上加入了老師建議的設備，並從客人的角度
出發，在便利性上花了心思。令人驚訝的是銷售額大幅上升，成了最
強的餐車！！

擁有店面的人才能取得這樣的成績。

我曾負責首爾市經營的鬼怪夜市餐車的培訓課程。在聽課的人中，煙火炸物的朴弼淵（音譯）代表取得了革命性的成效（圖④）。

煙火炸物已經不是普通的餐車了。它跳了二階，經常被找去電影、廣告和電視劇拍攝現場供餐，成為著名百貨公司不斷要求駐店的明星品牌。

能夠創造如此高的銷售額有非常特別的技巧。要說他們的共同特徵，那就是將上課時聽到的內容應用到各銷售場合只花不到72小時的時間。

現代人接受了太多的資訊，得從這些資訊中進行取捨，選擇適用於營業現場和不適用的，但在這期間又會出現其他資訊，讓人忘了本來想去實行的覺悟。不是不想實行，而是從記憶的結構上會忘記去實行。如果你想要馬上達到最高銷售額，一定要記住。

如果覺得「就是這個」，一定要在72小時內執行。

再好的創意在24小時後也會慢慢被遺忘，在72小時內

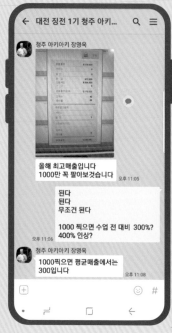

圖⑤

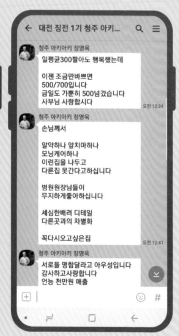

圖⑥

便會消失80%以上，我們的大腦就是這麼設計的。所以，不要長時間光坐著記筆記，而是要實行。

地球上沒有比這更好的祕訣了。

製作 QR Code

再也沒有哪個國家比韓國還不會用 QR Code 了。全世

界都在用 QR Code 解決所有業務，只有我們做不到。這不是技術問題，QR Code 真的很簡單方便，馬上就能做好。那問題到底出在哪裡呢？出在 QR Code 一直被錯誤地使用。

無論是哪種產品，只要印有 QR Code，顧客就應該在掃描後解開疑惑。料理製作過程、汽車旅館的清掃圖、醫院的個別化服務等等。要裝進 QR Code 裡的東西不止一、二個，但是，我們卻笨拙地展示了網站。顧客好奇的是產品和服務，但店家卻整天都只拚命地展示自己的官網。「到底要我掃進哪裡看些什麼呢？」驚慌失措的顧客按下離開按鈕。重複一次、兩次，最終還是失去了興趣。

只要有用途和合乎目的性，要學以致用就很容易，不知道該用在什麼地方，所以才猶豫了一下。即使把包裝上很俗的商品名稱和商標都去掉，只要有一個 QR Code 就足夠了。掃描後可以看到洗、煮、切豬腳的過程，或是醃泡菜時洗淨、切塊、攪拌和混合的過程，都一五一十地展現出來。中間還包括老闆的採訪，說說自己店的特點、味道的祕訣、為了衛生而進行的努力等等。

只要投資十分鐘，各位也可以成為數十個或數百個 QR code 的終身主人。用手機也可以製作，做法非常簡單。

1. 搜索「NAVER QR Code」進入

2. 在上方輸入標題。使用店名比較好。在下面「Code 樣式」中選擇喜歡的樣式和顏色。剩下的先跳過，進入下一階段。（圖①）

圖①

3. 在「加入所需資訊」和「直接移動到連結」選項中
選擇。如果選擇「直接移動到連結」，須事先準備好上傳到
YouTube或社群媒體的影片的URL（圖②）。

圖②

　　4.如果選擇「加入所需資訊」，應輸入附加資訊。輸入的介紹文章最好寫滿，因為這是掃描QRCode進來的人看到的第一個內容。按下下面的「影片」，將電腦或自己手機中的影片叫出來（圖③）。上傳完畢後，就會出現「正在壓

圖③

縮封面照片」的通知（圖④），稍等一下，就會出現多張影片中的圖片（圖⑤）。選一張自己喜歡的照片當封面就可以了。

圖④　　　　　　　　　　圖⑤

5. 上傳影片後，點擊下面的「地圖」即可取得所在位置資訊。在另一個畫面中於搜尋框中輸入地址，就會自動顯示在右側地圖上。只要點擊確認，就會迅速出現附加好的地圖（圖⑥）。

圖⑥

6. 必要資訊都已經輸入完畢，請按下下方的綠色「完成填寫」按鈕（圖⑦）。

圖⑦

7.「NAVER QRCode 製作完畢」(圖⑧)。

圖⑧

本書範例 Naver QR code 必須有 NAVER 通過實名制認證的會員
帳號才能操作,而在臺灣有許多公開且免費的 QR code 產生器,
例如工具城市、QR Code Generator、Scanova 等等,可依照自
己的需求挑選適用的網站製作專屬的 QR code。

製作出的QRCode一輩子都是自己的。可以印出來、儲存成檔案，或是透過電子郵件、部落格、手機傳送。製作成貼紙貼在桌上或印刷在包裝盒、袋子上，展現自己和員工們的熱情就可以了。

顧客總是心存疑慮。

如果損失0.0000001%，就不會再關注了。顧客雖然有很多疑問，但是因為不想被認為是怪咖，默默地閉口不談。將顧客的懷疑轉化為安心的最佳武器就是QR code中的影片。別忘了，表現出來才是親切的，顧客只相信看到的東西。

實用知識 87

這樣賣吃的，成為活下來的那 5%

韓國餐飲之神黃金公式，搶攻顧客心占率，忍不住一買再買

장사, 이제는 콘텐츠다 '장사의 神' 김유진의

作　　者：金裕鎮（김유진）
譯　　者：高毓婷
責任編輯：簡又婷
封面設計：木木 Lin
排版設計：Yuju
寶鼎行銷顧問：劉邦寧

發 行 人：洪祺祥
副總經理：洪偉傑
副總編輯：王彥萍
法律顧問：建大法律事務所
財務顧問：高威會計師事務所
出　　版：日月文化出版股份有限公司
製　　作：寶鼎出版
地　　址：台北市信義路三段 151 號 8 樓
電　　話：(02)2708-5509／傳　真：(02)2708-6157
客服信箱：service@heliopolis.com.tw
網　　址：www.heliopolis.com.tw
郵撥帳號：19716071 日月文化出版股份有限公司

總 經 銷：聯合發行股份有限公司
電　　話：(02)2917-8022／傳　真：(02)2915-7212
製版印刷：軒承彩色印刷製版股份有限公司
初　　版：2023 年 7 月
初版四刷：2023 年 10 月
定　　價：420 元
I S B N：978-626-7329-05-4

장사, 이제는 콘텐츠다 '장사의 神' 김유진의
（Business, now it's content）
Copyright©2019 by 김유진（KIM YOO JIN, 金裕鎮）
All rights reserved.
Complex Chinese Copyright © 2023 by Heliopolis Culture Group. Co., Ltd.
Complex Chinese translation Copyright is arranged with SAM & PARKERS CO., LTD.
through Eric Yang Agency

國家圖書館出版品預行編目 (CIP) 資料

這樣賣吃的，成為活下來的那 5%：韓國餐飲之神黃金公式，
搶攻顧客心占率，忍不住一買再買／金裕鎮著；高毓婷譯．
-- 初版 . -- 臺北市：日月文化出版股份有限公司, 2023.07
352 面；14.7×21 公分 . -- (實用知識；87)
譯自：장사, 이제는 콘텐츠다：'장사의 神' 김유진의
ISBN 978-626-7329-05-4(平裝)

1.CST: 餐飲業 2.CST: 行銷策略

483.8　　　　　　　　　　　　112007598

◎版權所有‧翻印必究　◎本書如有缺頁、破損、裝訂錯誤，請寄回本公司更換

日月文化集團
HELIOPOLIS
CULTURE GROUP

客服專線 02-2708-5509
客服傳真 02-2708-6157
客服信箱 service@heliopolis.com.tw

廣告回函
台灣北區郵政管理局登記證
北台字第 000370 號
免貼郵票

日月文化集團 讀者服務部 收

10658 台北市信義路三段151號8樓

對折黏貼後，即可直接郵寄

日月文化網址：**www.heliopolis.com.tw**

最新消息、活動，請參考 FB 粉絲團

大量訂購，另有折扣優惠，請洽客服中心（詳見本頁上方所示連絡方式）。

大好書屋

寶鼎出版

山岳文化

EZ TALK

EZ Japan

EZ Korea

大好書屋・**寶鼎出版**・山岳文化・洪圖出版　**EZ** 叢書館　**EZ** Korea　**EZ** TALK　**EZ** Japan

日月文化集團
HELIOPOLIS
CULTURE GROUP

感謝您購買 **這樣賣吃的，成為活下來的那5%**
韓國餐飲之神黃金公式，搶攻顧客心占率，忍不住一買再買

為提供完整服務與快速資訊，請詳細填寫以下資料，傳真至02-2708-6157或免貼郵票寄回，我們將不定期提供您最新資訊及最新優惠。

1. 姓名：＿＿＿＿＿＿＿＿＿＿＿＿＿＿　　性別：□男　　□女

2. 生日：＿＿＿＿年＿＿＿＿月＿＿＿＿日　　職業：＿＿＿＿＿＿

3. 電話：（請務必填寫一種聯絡方式）
　　（日）＿＿＿＿＿＿＿＿（夜）＿＿＿＿＿＿＿＿（手機）＿＿＿＿＿

4. 地址：□□□＿＿＿＿＿＿＿＿＿＿＿＿＿＿＿＿＿＿＿＿＿

5. 電子信箱：＿＿＿＿＿＿＿＿＿＿＿＿＿＿＿＿＿＿＿

6. 您從何處購買此書？□＿＿＿＿＿＿＿縣/市＿＿＿＿＿＿＿書店/量販超商
　　□＿＿＿＿＿＿＿網路書店　　□書展　　□郵購　　□其他

7. 您何時購買此書？　　年　　月　　日

8. 您購買此書的原因：（可複選）
　　□對書的主題有興趣　　□作者　　□出版社　　□工作所需　　□生活所需
　　□資訊豐富　　□價格合理（若不合理，您覺得合理價格應為＿＿＿＿＿）
　　□封面/版面編排　　□其他＿＿＿＿＿＿＿＿＿＿＿＿＿＿

9. 您從何處得知這本書的消息：　□書店 □網路／電子報 □量販超商 □報紙
　　□雜誌 □廣播 □電視 □他人推薦 □其他

10. 您對本書的評價：（1.非常滿意 2.滿意 3.普通 4.不滿意 5.非常不滿意）
　　書名＿＿＿＿　內容＿＿＿＿　封面設計＿＿＿＿　版面編排＿＿＿＿　文/譯筆＿＿＿＿

11. 您通常以何種方式購書？□書店　　□網路　　□傳真訂購　　□郵政劃撥　　□其他

12. 您最喜歡在何處買書？
　　□＿＿＿＿＿＿＿縣/市＿＿＿＿＿＿＿書店/量販超商　　□網路書店

13. 您希望我們未來出版何種主題的書？＿＿＿＿＿＿＿＿＿＿＿＿＿＿

14. 您認為本書還須改進的地方？提供我們的建議？
＿＿＿＿＿＿＿＿＿＿＿＿＿＿＿＿＿＿＿＿＿＿＿＿＿＿＿
＿＿＿＿＿＿＿＿＿＿＿＿＿＿＿＿＿＿＿＿＿＿＿＿＿＿＿
＿＿＿＿＿＿＿＿＿＿＿＿＿＿＿＿＿＿＿＿＿＿＿＿＿＿＿

實用

知識

寶鼎出版

實　用

知　識

寶鼎出版